高职高专国家优质院校计算机类教材

# 软件工程实践与项目管理

## (第二版)

刘竹林　编著

潘晓衡　参编

西安电子科技大学出版社

# 内 容 简 介

本教材根据国家关于高等职业教育的精神，结合高职院校学生的学习特点，比较全面、系统地介绍了软件工程学科的概念、技术和方法，以及软件项目管理体系第六版的十大相关知识。

本教材共 12 章，分为三个模块：软件素质模块(第 1、2 章)；软件开发过程模块(第 3～11 章)；项目管理模块(第 12 章)。

各章详细内容是：第 1 章介绍软件工程的基本概念，第 2 章介绍软件生命周期与开发模型；第 3 章介绍项目计划与可行性分析；第 4 章介绍软件需求分析的内容和方法；第 5 章介绍软件概要设计和软件详细设计；第 6 章介绍面向对象的 UML 设计；第 7 章介绍 Rational Rose 建模工具；第 8 章介绍 RUP 开发方法；第 9 章介绍软件编程；第 10 章介绍软件测试技术；第 11 章介绍软件测试工具 LoadRunner；第 12 章介绍软件项目管理。

本教材适合高职高专院校学生学习软件工程知识之用，也可作为其他院校软件工程课程的参考书或软件测试工程师、软件开发技术人员的参考书。

## 图书在版编目(CIP)数据

软件工程实践与项目管理 / 刘竹林编著. —2 版. —西安：西安电子科技大学出版社，2020.5(2021.10 重印)

ISBN 978-7-5606-5646-5

Ⅰ.① 软… Ⅱ.① 刘… Ⅲ.① 软件工程 Ⅳ.① TP311.5

中国版本图书馆 CIP 数据核字(2020)第 070866 号

策划编辑　李惠萍
责任编辑　李惠萍
出版发行　西安电子科技大学出版社(西安市太白南路 2 号)
电　　话　(029)88202421　88201467　　邮　　编　710071
网　　址　www.xduph.com　　　　电子邮箱　xdupfxb001@163.com
经　　销　新华书店
印刷单位　陕西日报社
版　　次　2020 年 5 月第 2 版　　2021 年 10 月第 5 次印刷
开　　本　787 毫米×1092 毫米　1/16　印　张　14.5
字　　数　341 千字
印　　数　7146～9145 册
定　　价　35.00 元

ISBN 978-7-5606-5646-5 / TP

XDUP 5948002-5

***如有印装问题可调换***

# ※ 前　　言 ※

根据《国务院关于印发国家职业教育改革实施方案的通知》（国发〔2019〕4号）中"着力培养高素质劳动者和技术技能人才"的精神，本着一切从实践出发，理论结合实践的原则，为了帮助学生掌握一定的软件开发管理技能，在此次修订的教材中我们增加了需求分析工具、对象建模工具、软件测试工具等实践性比较强的内容。具体而言，本次修订的内容如下：

（一）对第 3 章的"可行性分析步骤"进行了更加详尽的描述。

（二）删除了第 4 章中的"需求分析案例"，增加了"需求管理工具"的内容，使本章内容更加充实，实用性更强。

（三）对第 5 章结构化软件设计进行了重大调整。对"概要设计"和"详细设计"内容重新进行了梳理，同时增加了"软件体系结构"和"结构化设计方法与工具"等内容。

（四）第 9 章增加了"程序设计算法与效率"和"冗余程序设计""防错程序设计"等内容，使本章内容更加详实。

（五）对第 10 章软件测试技术内容进行了调整，增加了"软件测试与开发的关系""软件测试方法""软件测试策略"等内容。

（六）把第 12 章项目管理体系升级成了项目管理体系(第六版)，把以前的九大知识领域升级为十大知识管理领域，增加了"干系人管理"。

（七）在教材最后附上了期末复习题与参考答案，供学生期末复习、自测。

（八）增加了一套软件工程模拟考试题，便于学生自我检测。

本书由刘竹林老师编著，东莞理工学院的潘晓衡老师参编了第 5～7 章。虽然作者执教高校软件工程课程有十多年，但是由于水平有限，书中可能仍有不妥之处。希望广大读者和同仁们提出宝贵意见，让我们共同学习进步。

作　者
2020 年 4 月 9 日
于石家庄

# ※ 目　　录 ※

# 第 1 章　软件工程概述

# 1.1　软件的含义

## 1.1.1　软件的发展

软件发展至今已经有几十年的历史了。伴随着软件的发展，人们对软件的认识也越来越清晰、越来越深刻，对软件的定义也越来越细化。下面我们给出在各个发展阶段软件的含义。

**1. 第 1 阶段——软件就是程序**

在程序设计的初级阶段(1946～1956 年)，采用"个体生产方式"即使用个体手工劳动的形式进行软件开发，软件开发完全依赖于程序员个人的能力和设计水平。软件的使用者往往是同一个(或同一组)人。

这个阶段所使用的程序设计语言是机器语言和汇编语言，开发方法偏向于追求编程技巧和程序运行效率。这个阶段的软件被定义为"程序"。

**2. 第 2 阶段——软件就是程序和使用说明书**

在程序设计的中级阶段(1956～1968 年)，开发方式是"手工作坊方式"的小组生产方式，使用的程序设计语言是高级语言，开发方法仍然主要依靠个人技巧，但已开始提出结构化程序设计方法。在这一阶段，程序员数量急剧增长，但软件开发技术没有实质性突破，仍然沿用个体化软件开发方法。这个阶段的软件被定义为"程序和使用说明书"。

该阶段的后期，随着软件需求量、规模及复杂度的增大，开发团队的管理素质和开发技术不适应规模大、结构复杂的软件开发，出现了所谓的"软件危机"。

产生软件危机的原因主要有以下几个方面：

(1) 软件的规模越来越大，结构越来越复杂；

(2) 软件开发管理困难且复杂；

(3) 软件开发费用不断增加；

(4) 软件开发技术落后；

(5) 软件生产方式落后；

(6) 软件开发工具落后，生产效率低下。

软件危机主要体现为以下几个方面：

(1) 经费预算经常被突破，完成时间经常拖延；

(2) 开发出来的软件不能满足用户需求；

(3) 开发出来的软件可维护性差；

(4) 开发出来的软件可靠性差。

因此，软件危机是由软件产品本身的特点以及软件开发的方式、方法、技术和人员等诸因素造成的。

**3．第 3 阶段——软件就是程序、文档和数据**

在软件工程阶段(1968 年至今)，为了克服软件危机，适应软件发展的需要，在软件生产中采用"工程化的生产方式"进行软件开发，即采用团队合作方式。工程师们利用数据库、各种开发工具和开发环境、网络、分布式、面向对象等技术进行软件开发，把"工程"的概念和实施方法引入到了软件项目开发中。因此这个阶段的软件被定义为"程序、文档和数据"。

## 1.1.2　软件的特征

软件产品与其他制造领域的产品有完全不同的特征。软件的特征是：

(1) 软件是一种逻辑实体，不是一个物理实体。它的存在方式是保存在一种媒介上面，例如纸张、磁盘、内存、磁带、光盘等。

(2) 软件是绿色产品，没有污染，它的运行不会出现对空气、土地等环境和人体有害的物质。在软件的运行和使用期间，没有像硬件那样存在机械磨损和老化问题。

(3) 软件的研制是一种高智力劳动。计算机软件既是作品，又是工具，是作品性与工具性紧密结合的智力成果。

(4) 计算机软件开发工作量大、成本高，但复制容易，复制成本极低。计算机软件是开发者智力劳动的结晶，具有原创性质，应该得到保护。

# 1.2　软件工程的定义

为了克服软件危机，人们从其他产业的工程化生产中得到启示。软件开发不是某种个体劳动的神秘技巧，而是一种组织良好、管理严密、协同配合共同完成的工程项目，必须借鉴工程项目的原理和方法从事开发活动。1968 年，在北大西洋公约组织(NATO)的软件可靠性会议上，专家们首次提出了"软件工程"的概念。在此以后的 50 多年里，人们对软件工程概念的理解由模糊到逐渐清晰和深化，软件工程也从理论和实践两方面取得了长足的进步。

软件工程是一门研究应用工程化方法构建和维护有效、实用和高质量软件的学科。它应用计算机科学、数学及管理科学等原理，采用工程化的概念、原理、技术和方法来开发与维护软件，把成熟的管理技术和目前最有效的软件开发技术与方法结合起来去开发、生产、维护软件，以达到提高软件质量，降低软件成本的目的。

因此，软件工程需要在方法学、工具与环境、软件管理以及软件规范与标准方面进行研究。这也是软件工程的研究范畴。

软件工程的方法、工具和过程构成了软件工程的三要素。具体为：

(1) 软件工程方法：是完成软件开发各项任务的技术方法，即为软件开发提供"如何做"的技术。

(2) 软件工具：为软件工程方法的运用提供自动的或半自动的软件支撑环境。这些工具包括软件开发工具、软件设计工具、软件测试工具、建模工具、软件维护工具等。

(3) 软件工程过程：是将软件工程的方法和工具结合起来以科学地进行软件开发的过程管理。它规定了完成各项任务的工作步骤和需要交付的各种文档。

# 1.3　软件工程的知识体系

软件工程的知识体系由以下 10 个知识域组成。

**1. 软件需求**

软件需求包括：软件需求分析方法，软件需求分析过程，软件需求规格说明，需求确认等。

**2. 软件设计**

软件设计包括：软件设计基础，软件体系结构，软件概要设计，软件详细设计，软件质量的分析与评价，软件设计符号，软件设计的策略与方法，软件设计说明书等。

**3. 软件构造**

软件构造包括：软件构造方法，软件构造管理等。

**4. 软件测试**

软件测试包括：软件测试的基本概念，软件测试级别，软件测试技术，软件测试需求分析，软件度量测试，软件测试过程管理等。

**5. 软件维护**

软件维护包括：软件维护技术，软件维护的关键问题，软件维护过程等。

**6. 软件配置管理**

软件配置管理包括：软件配置过程，软件配置标识，软件配置控制，软件配置状态，软件配置审计，软件发布和交付管理等。

**7. 软件工程管理**

软件工程管理包括：项目启动和项目范围的定义，软件项目计划，软件项目实施，软件项目评审，软件项目的组织，软件项目风险的规避，软件项目成本管理，软件项目交付，软件项目评价等。

**8. 软件工程过程**

软件工程过程包括：过程实施与需求变更管理，过程定义，过程评定和产品评定等。

**9. 软件工程工具和方法**

软件工程工具包括：软件开发工具，软件需求分析工具，软件构造工具，软件测试工具，软件维护工具，软件配置管理工具，软件项目跟踪工具等。

软件工程方法包括瀑布法、原型法、螺旋法、增量法等。

**10. 软件质量管理**

软件质量管理包括：软件质量的基本概念，软件质量标准，软件质量控制过程等。

下面给出了更详细的软件工程知识体系图，见图 1-1。

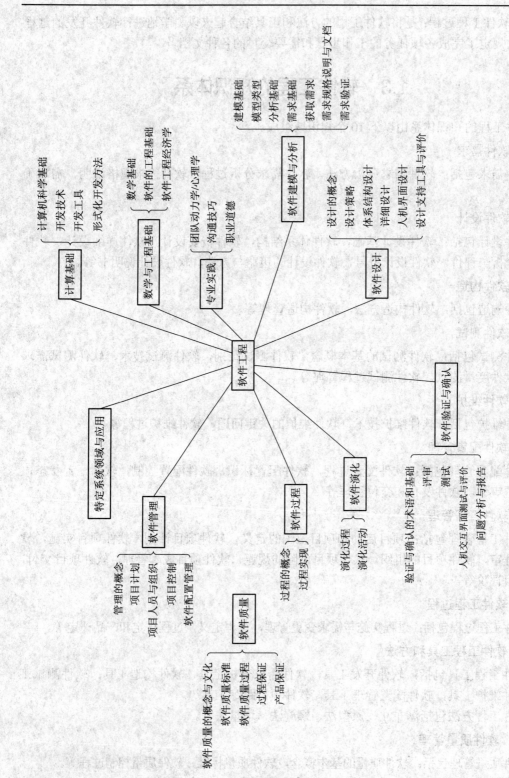

图 1-1　软件工程知识体系

# 1.4　软件工程的目标

软件工程的目标是指在给定成本、工期的前提下，开发出满足用户需求、易于移植、可靠、有效和可重用的软件产品。此外，还要尽量提高软件质量与生产率，最终实现软件的工业化生产目标。

软件工程的目标可以用四个字总结：多、快、好、省。"多"指的是功能齐全；"快"指的是提高生产率，按照项目计划提前完成任务；"好"指的是取得性能较好、满足用户需求的高质量软件产品；"省"指的是节省成本。这"四项原则"中最重要的是"好"，即软件质量高。

软件工程的目标又可以分配到各个不同的软件开发阶段来实现，如表 1-1 所示。

表 1-1　软件工程的目标

| 阶　　段 | 阶段目标 | 描　　　　述 |
|---|---|---|
| 软件定义 | 可适应性 | 软件在不同的系统约束条件下，满足用户需求的难易程度 |
| | 有效性 | 软件系统在某个给定时刻根据规范程序所成功运行的比率 |
| 软件开发 | 可理解性 | 系统具有清晰的结构，能直接反映问题的需求 |
| | 互操作性 | 多个软件部件相互通信并协同完成任务 |
| | 可重用性 | 软件部件适应不同应用场合的程度 |
| 软件维护 | 可修改性 | 允许对系统修改而不增加复杂度的程度 |
| | 可追踪性 | 根据软件需求，对软件设计、程序进行正向追踪，或根据程序、软件设计对软件需求进行逆向追踪的能力 |
| | 可维护性 | 软件产品交付使用后，能够对它进行修改，以便改正潜在的错误，改进性能和其他属性 |
| | 可移植性 | 软件从一个计算机系统或环境转移到另一个计算机系统或环境的难易程度 |

追求软件产品的这些目标，有助于提高软件产品的质量和软件产品的销路，减少维护的困难。实现这些目标就能保证软件的可靠性。

# 1.5　软件工程的原则

软件工程的原则可总结为：抽象、信息隐蔽、模块化、局部化、确定性、一致性、完备性和可验证性。

(1) 抽象。抽象是分析客观世界常用的方法。它在分析事物最基本的特性和行为过程中忽略其非本质细节。软件工程中采用自顶向下、逐层细化的办法控制软件开发过程的复杂性。

(2) 信息隐蔽。信息隐蔽指采用封装技术，将程序模块的实现细节隐藏起来，使模块接口尽量简单。

(3) 模块化。模块化是指采用"分而治之"的方法把一个复杂的大系统分解成若干个相对独立的编程单位(即"模块")。模块的大小要适中,模块过大会使模块内部的复杂性增加,不利于模块的理解和修改,也不利于模块的调试和重用;模块太小会导致整个系统表示过于复杂,不利于控制系统的复杂性。

(4) 局部化。局部化是指在一个物理模块内集中逻辑上相互关联的计算资源,保证模块间具有松散的耦合关系,模块内部有较强的内聚性。

(5) 确定性。确定性是指软件开发过程中所有概念的表达是确定的、无歧义的。这样有助于人与人的交互,减少误解和遗漏,以保证整个开发工作的一致性。

(6) 一致性。一致性是指整个软件系统(程序、数据和文档)使用一致的概念、符号和术语,使系统规格说明与系统行为保持一致。

(7) 完备性。完备性是指软件系统实现了软件需求分析所要求的所有功能。

(8) 可验证性。可验证性是指系统应遵循系统可检查、可测评和可评审的原则。

# 1.6 软件工程的基本原理

自从 1968 年北大西洋公约组织在软件可靠性会议上提出"软件工程"这一术语以来,专家们又陆续提出了 100 多条关于软件工程的准则。美国著名的软件工程专家 Boehm 综合了这些专家的意见,于 1983 年提出了软件工程的七条基本原理。具体如下:

## 1. 严格管理项目

这一原理要求把软件生命周期分成若干阶段,并制定出相应的切实可行的计划,然后严格按照计划对软件的开发和维护进行管理。Boehm 认为,在整个软件生命周期中应指定并严格执行以下六类计划:项目概要计划、里程碑计划、项目控制计划、产品控制计划、产品验证计划和运行维护计划。

## 2. 坚持阶段评审

大量统计表明:项目的大部分错误是在编程之前的软件分析或设计阶段造成的,错误率大约占 63%;错误发现的越晚,改正错误付出的代价就越大。因此,软件的质量保证工作不能等到编程结束之后再进行,应坚持进行严格的阶段评审,以便尽早发现错误。

## 3. 严格产品控制

在软件开发过程中,软件需求的变更往往是不可避免的,必须采用科学的产品控制技术(又叫基准配置管理)来保证软件的一致性。当需求变动时,其他各个阶段的文档和代码随之相应改变。

## 4. 采用现代化软件技术

从结构化软件开发技术到面向对象的软件开发技术,在长期的软件开发实践中,人们已经充分认识到:采用先进的技术既可以提高软件开发的效率,又可以减少软件维护的成本。

## 5. 制定软件检查标准

软件是一种看不见、摸不着的逻辑产品。软件开发小组的工作进展情况可见性差,难于评价和管理。为更好地进行管理,项目组应根据软件开发的总目标及完成期限制定易于操作的软件产品检查标准。

### 6．组织精干的开发人员

开发人员的素质和数量是影响软件质量和开发效率的重要因素，应该少而精。高素质开发人员的效率比低素质开发人员的效率要高几倍到几十倍，开发工作中犯的错误也要少得多，所以从人力资源考虑，使用高素质人才实际上是在节省企业的钱财，使用低素质开发人员实际上是在浪费企业的钱财。

### 7．不断改进软件开发技术

要积极不断探索和采用新的软件开发技术，对开发过程中的出错类型和问题经常进行统计分析，不断总结经验，开发高质量软件。

## 1.7　软件工程工具

软件工具是用来帮助开发、测试、分析及维护计算机的一类特殊应用软件(人们习惯上称之为程序，如编辑程序、差错处理程序、诊断程序等)。大型软件项目所使用的软件工具包括：需求分析工具、设计工具(如数据库设计工具)、编程工具、确认工具和维护工具等。

需求分析工具的主要功能是帮助系统分析员把用户所提出的要求经过分析后生成《软件需求说明书》及其相应的文档资料。

设计工具的主要功能是根据输入的用户需求说明，自动生成一系列软件设计文档，如软件结构说明、模块和接口说明等。比较流行的是基于 UML 的 CASE 工具，例如 Rational Rose，是一个很好的分析和建立对象及对象之间关系的工具。

数据库建模工具如 Sybase 的 S-Design、PowerDesigner。

编程工具的主要功能是根据详细设计所产生的文档，自动生成特定语言编制的程序，例如各种应用程序生成器。编码工具有 VB、PowerBuilder、Delphi、Java、VC++、.Net 等。

确认工具。"确认"是指确定程序代码和需求说明之间的符合程度，其中包含各种分析、测试、验证、证明以及排错工作。确认工具的主要功能就是使这些工作自动化。这一类工具的形式繁多，但可概括为静态分析程序和动态测试程序两大类。目前能够实现综合确认功能的工具为数很少。

维护工具。维护是软件生命周期的重要阶段，占用的人力比较多，软件费用的比例也比较高。这样就迫切需要可行的维护工具，以降低维护费用。

软件工具的种类繁多，形式多样，但都只用于软件生存周期中的某一阶段或某一环节。为了对软件生存周期提供支持，特别提出了建立软件开发支撑环境的概念。

## 1.8　软件工程的思维

软件开发人员的一个通病是在项目初期就喜欢谈论实现的细节，而忽略了对整个系统架构的考虑。作为开发人员，尤其是一位有经验的开发人员，应该把自己从代码中解脱出来，更多的时候甚至暂时要放弃去考虑如何实现的问题，而应从项目或产品的总体去考虑一个软件产品的系统架构。

下面给出七种软件工程思维。

### 1. 考虑整个项目或产品的市场前景

作为一位优秀的系统分析人员,不仅要从技术的角度考虑问题,还要从市场的角度去考虑问题。也就是说,当把产品投放到市场上的时候,需要考虑产品的用户群和产品的生命力。比如,即使我们采用最好的技术实现了一个单进程的操作系统,其市场前景也一定是不好的,因为市场上的操作系统都是多进程的。

### 2. 从用户的角度来考虑问题

比如一些操作对于开发人员而言是很简单的,但是对于一般的用户来说可能就非常难于掌握。也就是说,有时候,我们不得不在灵活性和易用性方面进行折中。另外,在功能实现上,我们也需要进行综合考虑,尽管有些功能十分先进,但是如果用户不急于使用的话,就不一定在产品的第一版推出。从用户的角度考虑,也就是说用户认可的才是好的,并不是开发人员感觉好的才是好。

### 3. 从技术的角度考虑问题

技术虽然不是唯一重要的,但一定是非常重要的,是成功的必要环节。在产品设计的时候,必须考虑采用先进的技术和先进的体系结构。比如,如果可以采用多线程并行处理程序中各个部分的话,就最好采用多线程处理。在 Windows 环境开发的时候,如果能够把功能封装成一个单独的 COM 构件就不要做成一个简单的动态链接库;如果能够在 B/S 结构下实现就不要在 C/S 结构下实现。

### 4. 合理进行模块分割

从多层模型角度来看,一个应用系统一般可以分成表示层、业务层和数据库层三部分。当然每一部分都还可以进行细分。在进行系统设计的时候,尽量进行各个部分的分割并建立各个部分之间进行交互的标准。在实际开发的过程中,严格按设计实施,确实必须修改时再进行调整。这样既可以保证开发团队齐头并进,开发人员也可以各司其职。

### 5. 人员的组织和调度

人员组织要考虑开发人员的特长,根据人员的具体情况进行具体配置。同时要保证每一个开发人员首先完成和其他人员进行交互沟通的部分。

### 6. 开发过程中的文档编写

在开发过程中会碰到各种各样的问题和困难,也有各种各样的创意和新的思路,应该及时记录和整理。对于困难和问题,如果不能短时间解决,可以放到事后做专门的研究,暂时考虑采用其他的技术解决;对于各种创意,可以根据进度计划安排决定是在本版本中实现还是在下一版本中实现。

### 7. 充分考虑实施时可能遇到的问题

在软件实施过程中会遇到各种各样的问题,这些问题可能在设计和开发过程中没有遇到过或考虑不周到,例如需求变更问题、人力资源不足问题、工作不规范问题。

以上的七项软件工程思维究竟应该由项目的哪个角色(系统分析员、产品经理、项目经理)来考虑,要根据具体项目而定。

# 本 章 小 结

本章介绍了软件在不同发展阶段的含义，软件工程的产生、基本原理、目标以及软件工程的思维方式。

软件开发既是一门科学，也是一项工程。软件工程是一门研究应用工程化方法构建和维护有效的、实用的和高质量软件的学科。

软件工程的七条基本原理是：用分阶段的生命周期计划严格管理软件项目；坚持进行阶段评审；实行严格的产品控制；采用现代程序设计技术；制定易于操作的软件检查标准；开发小组的人员应少而精；应该不断改进软件开发技术。

软件工程的目标可以用四个字总结：多、快、好、省。"多"指的是功能齐全；"快"指的是提高生产效率，按照项目计划提前完成任务；"好"指的是生产满足用户需要的高质量软件产品；"省"指的是节省成本。

软件工程的七项思维是：考虑整个项目或产品的市场前景；从用户的角度来考虑问题；从技术的角度来考虑问题；合理进行模块分割；人员的组织和调度；开发过程中的文档编写；充分考虑实施时可能遇到的问题。

# 习　　题

**一、填空题**

1. 软件系统是指_____系统和_____系统资源、控制计算机运行的_____、_____、_____、_____等。

2. 软件工程的研究范畴是_____、_____、_____及_____等。

3. 软件工程的知识体系有 10 个知识域，它们是_____，_____，_____，_____，_____，_____，_____，_____，_____。

**二、问答题**

1. 软件工程的要素是什么？

2. 软件生产经历了几个阶段？各有何特征？

3. 什么是软件危机？其产生的原因是什么？

4. 软件工程的目标可以总结为哪四个字？分别解释这四个字的含义。

5. 到图书馆或者上网查资料，回答如下问题：

(1) 什么是双向工程？它跟程序设计有什么关系？

(2) 如何理解面向对象范型和功能范型的区别？

(3) 什么是支持性的系统？

(4) 如何将"效率"和"效果"用于软件工程？

**三、选择题**

1. 软件发展过程中，第一阶段(20 世纪 50 年代)称为"程序设计的原始时期"，这时既没有 ① ，也没有 ② ，程序员只能用机器语言和汇编语言编写程序。第二阶段(20 世纪 50

年代末至 60 年代末)称为"基本软件期",出现了 ① 并逐渐普及,随之 ② 编译技术也有较大发展。第三阶段(20 世纪 60 年代末至 70 年代中)称为"程序设计方法的时代"。此时期,与硬件费用下降相反,软件开发费急剧上升。人们提出了 ③ 和 ④ 等程序设计方法,设法降低软件开发的费用。第四阶段(20 世纪 70 年代中至今)称为"软件工程时期",软件开发技术不再仅仅是程序设计技术,而是同软件开发的各阶段( ⑤ 、 ⑥ 、编码、测试、 ⑦ )及整体和管理有关。

①②③④　A. 汇编语言　　　B. 操作系统　　　　C. 虚拟存储器概念

　　　　　D. 高级语言　　　E. 结构化程序设计　F. 数据库概念

　　　　　G. 固件　　　　　H. 模块化程序设计

⑤⑥⑦　　A. 使用和维护　　B. 兼容性的确认　　C. 完整性的确定

　　　　　D. 设计　　　　　E. 需求定义　　　　F. 图像处理

2. 软件危机出现于 20 世纪 ① ,为了解决软件危机,人们提出了用 ② 的原理来设计软件,这就是软件工程诞生的基础。

①　A. 50 年代末　　　　　B. 60 年代初

　　C. 60 年代末　　　　　D. 70 年代初

②　A. 运筹学　　　　　　B. 工程学

　　C. 软件学　　　　　　D. 数字

3. 软件工程学是应用科学理论和工程上的技术指导软件开发的学科,其目的是( )。

A. 引入新技术,提高空间利用率

B. 用较少的投资获得高质量的软件

C. 缩短研制周期,扩大软件功能

D. 硬软件结合,使系统面向应用

**四、讨论题**

如何理解软件工程的七条基本原理。

# 第 2 章　软件生命周期与开发模型

## 2.1　软件生命周期

每个人都会经历孕育、出生、生长和死亡这样的生命周期，软件产品同样也有其生命周期。软件的生命周期是指从问题定义、可行性研究、需求分析、软件设计、软件编码和测试、软件运行和维护，直到该软件被停止使用的整个过程。

因软件规模、软件种类、软件开发方式、软件开发环境以及软件使用方法不同，软件生命周期的划分也会有所不同。在划分软件生命周期阶段时，应遵循的一条基本原则是各阶段的任务应尽可能相对独立，同一阶段各项目任务的性质尽可能相同，从而降低每个阶段任务的复杂程度，简化不同阶段之间的联系，这样有利于软件项目开发的组织管理。

通常，软件生命周期可划分为计划阶段、开发阶段、运行与维护阶段三个阶段，如图 2-1 所示。

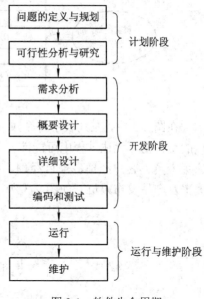

图 2-1　软件生命周期

### 1. 计划阶段

计划阶段也叫"软件定义"阶段。它的任务是软件开发人员与用户充分沟通，从全局的角度把问题明晰化，从而进行可行性研究，探讨解决该问题的可能解决方案，结合软件开发、使用的可利用条件(计算机硬件、软件、人力等资源)、开发费用以及软件投入使用后的经济效益等方面的情况，对定义的问题做出客观评价，写出"可行性分析报告"和"需求分析报告"。

计划阶段的任务可总结为：

(1) 确定软件项目必须完成的总目标；

(2) 进行可行性分析，确定项目的可行性；

(3) 明确项目目标及应该采用的策略；

(4) 估算项目需要的资源和成本，并制定项目进度表。

### 2. 开发阶段

一个软件的开发阶段大体包括需求分析、概要设计、详细设计、编码和单元测试、综合测试五个步骤(如图 2-2 中(4)至(8)部分所示)。

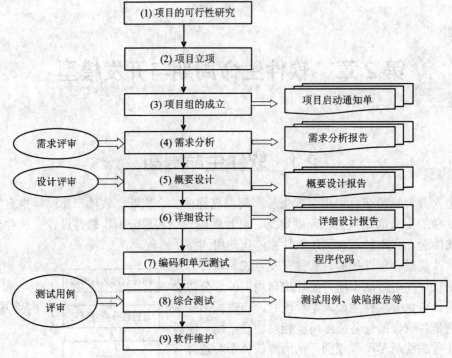

图 2-2　软件的开发过程

在图 2-2 中，左列表示每个过程进行前的审查，中间列表示开发过程，右列表示每个过程的交付物。上述过程中可能涉及下列各种参与软件开发的人员的角色：用户、维护人员、使用人员、客户经理、项目经理、编程人员、测试人员、需求分析人员、系统分析人员、美工及产品发布人员。如图 2-3 所示。

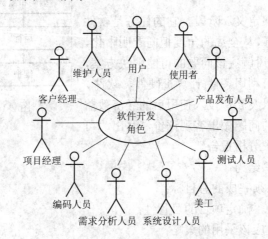

图 2-3　软件开发人员的角色

下面对软件生命周期各阶段加以详细介绍：

1) 需求分析

这个阶段的任务是对用户的需求进行分析和综合，确定软件的基本目标和逻辑功能要求，解决系统要"做什么"的问题，写出软件需求规格说明书。该需求规格说明书是软件工程中最重要的文件，它准确地记录了对目标系统的要求，它是用户和软件开发人员之间共同的约定及软件开发人员进行后续开发的基础。

### 2) 概要设计

这个阶段的主要任务是解决"怎么做"的问题。概要设计决定软件系统的总体结构即模块结构，并给出模块的相互调用关系、模块间传递的数据及每个模块的功能说明。这个阶段的文档资料是软件结构图和模块功能说明。

### 3) 详细设计

这个阶段的任务是把每个模块内部过程的描述具体化，也就是回答"应该怎样具体地实现这个系统"。该阶段的任务并不是编写程序，而是设计出程序的详细规格说明书。该规格说明书类似于其他工程领域使用的工程蓝图。

### 4) 编码和单元测试

这个阶段的主要任务是程序员根据软件详细规格说明书，写出正确的、容易理解和维护的程序模块。程序员要选取一种适当的程序设计语言，把详细设计的结果翻译成用选定语言书写的程序，并仔细测试编写的每一个模块。

### 5) 综合测试

综合测试阶段的主要任务是通过各种类型的测试来发现和排除错误，对软件系统进行全面的测试和检验，检查其是否符合软件需求。在此期间，要提出测试标准，制定测试计划，设计测试用例，确定测试方法。通过对软件测试结果的分析可以预测软件的可靠性；反之，根据软件可靠性的要求，也可以决定测试和调试过程什么时候可以结束。最终还必须写出软件测试报告。

### 3. 运行与维护阶段

软件运行与维护是软件生命周期中持续时间最长的阶段。在软件开发完成并投入使用后，由于各种原因，软件在运行过程中可能会出现一些问题，这就要求我们对软件进行维护。

软件的维护一般包括改正性维护、适应性维护、完善性维护和预防性维护等四个方面。

## 2.2　软件开发模型

软件开发模型是在软件生命周期基础上构造出的软件开发全部过程、活动和任务的结构框架。因此，软件开发模型又称为软件生命周期模型。利用软件开发模型能够清晰、直观地描述软件开发全部过程，明确规定软件开发过程中所必须要完成的主要活动和任务。因此，软件开发模型也称为"过程模型"。

软件工程研究学者和开发人员根据软件开发的实践经验，相继提出了瀑布模型、螺旋模型、增量模型和喷泉模型等多种软件开发模型。

### 1. 瀑布模型

瀑布模型的核心思想是将软件生命周期划分为需求分析、系统设计、软件编程、软件测试和软件维护等基本活动，并且规定了它们自上而下、相互衔接的固定次序，如同瀑布流水，逐级下落。开发过程从一个阶段"流动"到下一个阶段，这也是瀑布模型名称的由来。

采用瀑布模型的软件开发过程如图 2-4 所示。

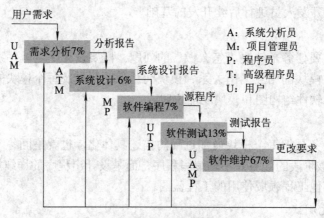

图 2-4  瀑布模型的软件过程

图 2-4 把软件开发过程划分为需求分析、系统设计(通常把概要设计和详细设计通称为系统设计)、软件编程、软件测试和软件维护五个阶段,并给出了每个阶段应该交付的文档:"需求分析报告""系统设计报告""源程序""测试报告""更改要求"。图 2-4 同时还给出了每一个阶段应该参与的角色:系统分析员(A)、项目管理员(M)、程序员(P)、高级程序员(T)、用户(U)。从图 2-4 我们可以看出瀑布模型具有以下特点:

(1) 连续性。前一阶段的工作完成后,后一阶段的工作才能开始,前一阶段输出的文档是后一阶段的输入文档。另外,前后两个阶段之间不存在反馈的关系,全部活动呈现出理想的线性关系。

(2) 需要严格的质量管理。由于该模型不存在反馈,如果前面阶段工作存在错误而又不能及时发现时,将造成极大的损失,因此某个阶段结束时,对该阶段提交的文档均必须进行严格的技术审查和管理复审。(技术审查是从技术的角度,对该阶段开发出的产品进行检验。管理复审是在每个阶段结束时,对项目成本、进度、实际的费用及投资回收前景从管理角度进行复查。)

利用瀑布模型进行软件项目开发有利于开发过程中人员的组织及管理,有利于开发方法和工具的研究与使用,有利于提高软件项目开发的质量和效率。但由于实际软件开发过程不可能是完全理想的自上而下的线性关系,因此瀑布模型存在以下严重的缺陷:

(1) 各个阶段的划分完全固定,每个阶段产生大量的文档,极大地增加了工作量;

(2) 瀑布模型依赖于需求分析的准确性,但在实践中很难获得准确不变的需求说明;

(3) 缺乏灵活性,一旦软件需求存在偏差,就会导致最终开发出的软件产品不能满足用户的实际需求。

(4) 由于此开发模型呈线性关系,所以只有当开发工作结束时用户才能看到软件的运行效果,这也增加了项目的风险。

**2. 快速原型开发**

*1) 软件原型化方法的定义*

软件原型化方法是指在获得一组基本需求说明后,快速构造出一个小型的软件系统(即原型系统),以此满足用户的基本要求。用户试用该原型系统,从中得到感受和启发,并对该原型系统做出反映和评价，然后开发者根据用户的意见对原型加以改进。随着不断地实验、纠错、使用、评价和修改，用户不断获得新的原型版本。如此反复，逐步减少分析中的误解，弥补不足，从而提高最终产品的质量。

软件原型化方法的基本思想是花费少量代价建立一个可运行的系统，强调软件开发人员与用户的不断沟通，通过原型的演进不断适应用户的需求。将维护和修改阶段的工作尽早进行，从而使软件产品满足用户需求。

**2) 软件原型化方法的分类**

软件原型化方法主要用在需求分析阶段，但也可以用于软件开发的其他阶段。原型化方法有以下两种不同的类型：

(1) 废弃型。废弃型也称快速建立需求规格原型法。先构造一个功能简单而且质量要求不高的模型系统，针对这个模型系统反复进行分析修改，从而形成较好的设计思想。据此设计出更加完整、准确、一致、可靠的最终产品。最终产品形成后，原来的模型就被废弃。

(2) 追加型。追加型也称快速建立渐进原型法。它采用循环渐进的开发方式，首先构造一个功能相对简单的模型系统，作为最终系统的核心，然后将系统需要具备的功能逐步添加上去，通过不断地扩充修改，逐步追加新的要求，直至满足系统所有需求，此时的原型系统也就是最终产品。

**3) 原型生存周期**

原型生存周期是指项目原型的开发和使用的整个过程，主要包括原型分析、原型构造、原型运行与评价、原型修正、判断原型完成、判定原型效果、整理原型和提供文档。图 2-5(a) 所示为原型开发模型，图 2-5(b)所示为模型的细化过程。

(1) 原型分析。

原型分析是指在分析者和用户的紧密配合下，快速确定软件系统的基本要求的过程。根据原型所要体现的特性(或总体结构、处理功能，模拟性能、界面形式等)，描述基本需求规格说明，以满足开发原型的需要。当在分析阶段使用原型化方法时，必须从系统结构、逻辑结构、用户特征、应用约束、项目管理和项目环境等多方面来考虑，以决定是否采用原型化方法。

特别是当系统规模很大、要求复杂、系统服务较模糊时，在需求分析阶段首先开发一个系统原型是十分值得的。原型分析的关键是要注意选取分析和描述的内容。

(2) 原型构造。

在原型分析的基础上，根据基本需求规格说明，忽略细节，只考虑主要特性，快速构造一个可运行的系统，此时主要考虑的是原型系统应充分反映系统的待评价特性，而对于最终系统在某些细节上的要求，例如安全性、健壮性、异常处理等均可忽略。

因此，在原型阶段只从三个方面进行原型构造，它们是：用户界面原型、功能原型、性能原型。提交一个初始原型的时间不应过长，一般控制在两个月以内。

(3) 原型运行与评价。

原型运行与评价阶段是软件开发人员与用户频繁沟通、发现问题、消除对需求误解的重要阶段。其目的是验证原型的正确程度，进而开发新的并修改原有的需求。

这里应当注意的是，由于原型忽略了许多内容，它集中反映了要评价的特性，因此从

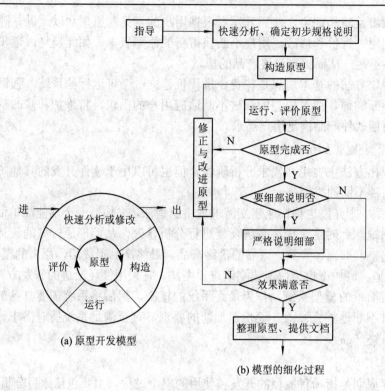

图 2-5　原型生存周期

总体上看它可能是不够全面的。

即便如此，原型也必须通过所有项目干系人(在项目管理中干系人是指积极参与项目实施或完成的、其利益可能受积极或消极影响的个人或组织，如客户、项目发起人、执行组织或公众)的检查、评价和测试。在试用的过程中需要对原型进行考核、评价，考核、评价的内容有：运行的结果是否满足需求规格说明的要求；需求规格说明的描述是否满足用户的愿望；在过去的交互中是否存在误解和错误；是否还要增补新的需求，以满足因环境变化而产生的新需求或用户的新设想。

(4) 原型修正。

对于原型系统，一定要根据修改意见进行修正。一般会出现下面两种情况：

(A) 原型运行的结果不能满足《需求规格说明书中》的需求。说明开发者对《需求规格说明书》理解不准确(存在多义性或未反映用户需求)、不完整、不一致，则首先要修改并确定需求规格说明，然后再重新构造或修改原型。

(B) 原型与用户要求相违背，这样会反映出严重的理解错误，这时应当立即放弃目前的原型，重新做模型。大多数原型不合适的部分可以修正，使之成为新模型的基础。

用修改原型的过程代替原型分析，就形成了原型开发的迭代过程。开发者和用户在一次次的迭代过程中将不断完善原型，已接近系统的最终要求。

(5) 判定原型完成。

如果原型经过修正和改进已获得了参与者的一致认可，那么原型开发的迭代过程可以结束。为此，应判断有关应用的实质性要求是否已经实现、迭代周期是否可以结束等。判定的结果有两个不同的转向：一个是继续迭代验证；另一个是进行详细说明。

原型化方法允许对系统进行严格的、详细的说明，比如报表，要求给出统计数字等。

(6) 判定原型效果。

考察用户新增加的需求对模型效果有何影响，是否会影响模块的有效性，如果使模型效果受到影响，甚至导致模型实效，则要对其进行修正和改进。

(7) 整理原型和提供文档。

整理原型的目的是为进一步开发提供依据。整理完成之后即可提供原型文档。

4) 快速原型的优点

使用快速原型化开发方法进行软件开发具有以下优点：

(1) 增进了软件开发人员和用户对系统需求的理解，便于将用户模糊的需求明确化。

(2) 可以克服瀑布模型的缺点，减少由于软件需求不明确带来的开发风险。

**3. 增量模型**

增量模型在瀑布模型的基础上进行了改进，它使得开发过程具有一定的灵活性和可修改性。增量模型又称为渐增模型，其实质是分段的线性模型。

增量模型和瀑布模型之间的本质区别是：瀑布模型属于整体开发模型，它规定在开始下一个阶段的工作之前，必须完成前一阶段的所有细节。而增量模型属于非整体开发模型，它在下一阶段的工作开始之前，可以只完成前一阶段的部分任务。

增量模型如图 2-6 所示。

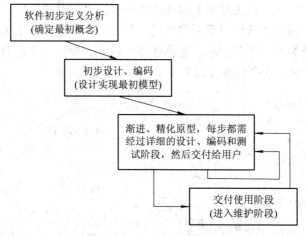

图 2-6　增量模型

瀑布模型在每个阶段交付相应阶段的完整产品，而增量模型只是交付相应阶段的部分产品(这个部分产品也就是软件的构件)。这样做的好处是客户可以不断地看到所开发的软件，从而降低开发风险。但是，增量模型也存在以下缺陷：

(1) 由于各个构件是逐步并入已有的软件体系结构中的，所以加入构件的前提是不破坏已构造好的系统，这就要求采用开放式的软件体系结构。

(2) 在开发过程中，需求的变化是不可避免的。虽然增量模型能够较好地适应需求的变化，但很容易退化为边做边改模型，从而导致软件整体过程的失控。

在使用增量模型时，第一个增量往往是实现基本需求的核心产品。核心产品交付用户使用后，经过评价形成下一个增量的开发计划，它包括对核心产品的修改和一些新功能的发布。这个过程在每个增量发布后不断重复，直到产生最终的产品。

例如，使用增量模型开发字处理软件。第一个增量是基本的文件管理、编辑和文档生成功能，第二个增量是更加完善的编辑和文档生成功能，第三个增量是拼写和文法检查功能，第四个增量是完成高级的页面布局功能。此时就产生了最终产品。

### 4. 迭代式模型

迭代式模型是统一开发过程(RUP，详见第 8 章)推荐的开发模型。

在统一开发过程中，每个阶段都可以细分，并进行迭代。每一次迭代都会产生一个可以发布的产品，这个产品是最终产品的一个子集。

迭代式模型如图 2-7 所示。

迭代开发方法具有以下优点：

(1) 能够适应需求的变化；

(2) 每一次迭代都可以发现并更正缺陷；

(3) 可以及早暴露风险；

(4) 使软件重用更加容易。

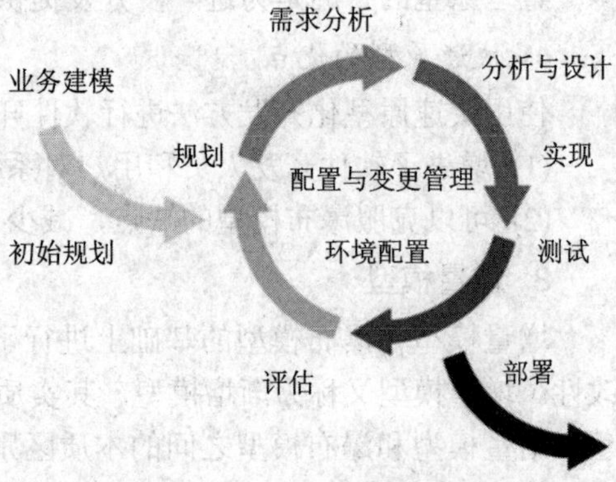

图 2-7 迭代式模型

### 5. 螺旋模型

1988 年，Barry Boehm 正式发表了软件系统开发的"螺旋模型"。它将瀑布模型和快速原型模型结合起来，强调了其他模型所忽视的风险分析，特别适合于大型复杂的系统。

螺旋模型被划分为若干框架活动，也称任务区域。一般情况下，有 3～6 个任务区域。图 2-8 形象地描述了包含 4 个任务区域的螺旋模型。

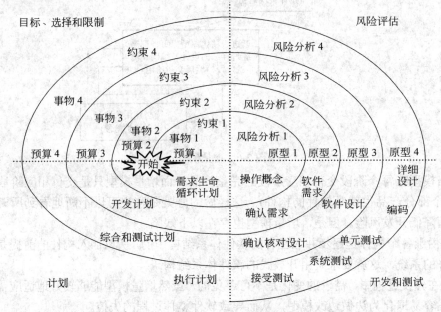

图 2-8 螺旋模型

螺旋模型沿着螺线旋转并进行若干次迭代，每个螺旋推进的过程都是渐进的实现过程，整个过程的实现，按照"制定计划、风险分析、开发与测试和客户评估"四个步骤循环实施：

(1) 制定计划。确定软件目标，选定实施方案，弄清项目开发的限制条件。定义资源、进度及其他相关项目信息所需要的任务，以调整项目的目标和改善系统实施的效率。确定系统要达到的目标，同时要受预算、时间等条件的限制，而且必须作出一定的选择和取舍。

(2) 风险分析。分析评估所选方案，考虑如何识别和消除风险。从风险角度分析方案的开发策略，努力排除各种潜在的风险，有时需要通过建造原型来完成。如果某些风险不能排除，该方案立即终止，否则启动下一个开发步骤。基于上述目标，评估技术及管理的风险，以决定如何实施项目。

(3) 开发与测试。实施软件开发和验证，包括系统需求分析、概要设计、详细设计、编程、单元测试、系统测试和验证测试等项目具体实施的各种任务。

(4) 客户评估。评价开发工作，提出修正建议，制定下一步计划。

软件工程项目组按顺时针方向沿螺旋移动，从核心开始。螺旋模型的开发是沿螺线自内向外推进，每旋转一周便开发出更为完善的一个新的软件版本。开发过程每迭代一次，螺线就增加一周，软件开发又前进一个层次，系统又生成一个更为完善的新版本。客户对该版本做出评价后，给出修正建议。在此基础上需再次计划，并进行风险分析。在每一圈螺线上风险分析的终点做出是否继续开发下去的判断。如果风险太大，开发者和用户无法承受，则项目可能终止。多数情况下沿螺线的活动会继续下去，自内向外逐步延伸，最终得到一个客户满意的软件版本。

螺旋模型的优点是：

(1) 瀑布模型要求在软件开发的初期就完全确定软件的需求，这在很多情况下往往是无法实现的。螺旋模型加入了瀑布模型所忽略的风险分析，从而弥补了瀑布模型的不足。

(2) 螺旋模型由风险驱动，强调可选方案和约束条件，从而支持软件的重用，有助于将软件质量作为特殊目标融入产品开发之中。

螺旋模型并不是十全十美的，它也存在着以下缺点：

(1) 螺旋模型强调风险分析，但要求许多客户接受和相信这种分析并做出相关反应是不容易的，因此这种模型往往适应于内部的大规模软件开发。

(2) 要求软件开发人员擅长正确分析的风险。

# 本 章 小 结

本章介绍了软件开发过程和软件生命周期的三个重要阶段：计划阶段，开发阶段，运行与维护阶段。

另外还介绍了几种常用的软件开发模型：瀑布模型，增量模型，原型化模型，螺旋模型，迭代模型。

在项目实践中，用户的需求总是随着项目进展而更加明确，控制用户的需求变得非常的重要。为了让用户能在项目的起始阶段就深入地对自己的需求有一个明确的理解，原型就变得非常的重要。这样用户对将来的产品就有了直观的了解。建立在这种基础上的分析开发，会减少很多后面流程中可能出现的风险。在瀑布模型以及 V 模型当中，在需求分析阶段采用原型化，是目前非常有效甚至是必须要采用的手段。

现在的软件项目越来越大，由于项目可能由相互联系的若干个子系统构成的，这样仅凭开发一个模型或者多个模型是满足不了项目对多方面的要求的，于是就衍生出了螺旋模型。螺旋模型适合于大型软件的原因是，它更加注重风险的控制，强调风险的识别、风险的分析以及风险的消除。

# 习　题

## 一、简答题

1. 在划分软件生命周期阶段时，应遵循的基本原则是什么？
2. 软件开发包括哪些过程？
3. 快速原型模型有哪些优点和缺点？
4. 增量模型的基本思想是什么？

## 二、选择题

1. 软件是一种(　　)。

A. 程序　　　　　　　　B. 数据　　　　　　C. 逻辑产品　　　　　D. 物理产品

2. 软件开发的结构化生命周期方法将软件生命周期划分成(　　)。

A. 计划阶段、开发阶段、运行阶段

B. 计划阶段、编程阶段、测试阶段

C. 总体设计、详细设计、编程调试

D. 需求分析、功能定义、系统设计

3. "软件危机"产生的主要原因是(　　)。

A. 软件日益庞大　　　　　　　　　B. 开发方法不当

C. 开发人员编写程序能力差　　　　D. 没有维护好软件

4. 原型化方法是用户和设计者之间执行的一种交互过程，适用于__A__系统，它从用户界面设计开始，首先形成__B__，用户__C__并就__D__提出意见。它是一种__E__型的设计过程。供选择的答案如下：

A. ① 需求不确定性高的　② 需求确定的　③ 管理信息　④ 决策支持

B. ① 用户界面使用手册　② 界面需求分析说明书　③系 统界面原型　④ 完善的用户界面

C. ① 改进界面的设计　② 使用和不使用哪种编程语言　③ 程序的结构　④ 运行界面原型

D. ① 同意什么和不同意什么　② 使用和不使用哪种编程语言　③ 程序的结构　④ 执行速度是否满足要求

E. ① 自外向内　② 自顶向下　③ 自内向外　④ 自底向上

5. 需求分析最终结果是产生(　　)。

A. 项目开发计划　　B. 需求规格说明书　　C. 设计说明书　　D. 可行性分析报告

6. 软件工程学最终解决的软件生产中的问题是(　　)。

A. 提高软件的开发效率　　　　　　　B. 使软件生产工程化

C. 消除软件的生产危机　　　　　　　D. 加强软件的质量保证

7. (　　)是指计算机程序及其说明程序的各种文档。

A. 软件　　　　　　B. 文档　　　　　　C. 数据　　　　　　D. 程序

8. 准确地解决"软件系统必须做什么"是(　　)阶段的任务。

A. 可行性研究　　　　B. 详细设计　　　　C. 需求分析　　　　D. 编码

9. 瀑布模型本质上是一种(　　)。

A. 线性顺序模型　　　　　　　　　　B. 顺序迭代模型

C. 线性迭代模型　　　　　　　　　　D. 及早见产品模型

10. 软件可维护性的特性中相互矛盾的是(　　)。

A. 可修改性和可理解性　　　　　　　B. 可测试性和可理解性

C. 效率和可修改性　　　　　　　　　D. 可理解性和可读性

### 三、讨论题

假设有一个"网上家电购物商务网站"软件开发项目，在软件项目计划时期需要访谈与项目有关的关键人员，分组讨论：

(1) 关键人员指的是哪些人员？

(2) 访谈应包括什么内容？

### 四、实训题

(1) 到某家软件公司调研，写出关于目前软件公司常用的软件开发模型的调研报告。

(2) 自拟项目，分组讨论项目需求。

# 第3章 可行性分析

经过对软件生命周期的学习，我们知道，对项目进行可行性分析就意味着软件开发工作进入到其生命周期的第一个阶段，本章重点介绍可行性分析的内容和步骤。

## 3.1 可行性分析的目的与内容

### 3.1.1 可行性分析的目的

通常我们在系统开发之前，都要对项目进行"可行性研究与论证"，其论证的焦点就是要围绕着对系统开发的价值进行论证。

可行性研究的目的是通过运用科学的方法对拟议中的工程项目进行全面、综合的技术经济分析，所以可行性研究就是来回答：本项目在技术上是否可行，经济上是否有生命力，财务上是否有利可图，需要多少投资，资金来源能否保证，建设周期有多长，需要多少物力和人力资源等，进而判断该项目"行"还是"不行"，是继续建设还是放弃。一项好的可行性研究，还要从探讨各种具有实际意义的可能方案中遴选出最佳方案。

进行可行性研究需要绘出系统流程图。

系统流程图是用来描述系统物理模型的一种传统工具，而要绘制流程图需要知道各种流程符号及其含义，见表 3-1 所示。

表 3-1 系统流程图符号及其含义

| 流程符号 | 含　义 | 流程符号 | 含　义 |
|---|---|---|---|
|  | 数据加工符号 |  | 换页连接，转到另一页图上 |
|  | 输入/输出符号 |  | 磁带符号 |
|  | 连接点符号 |  | 文档符号 |
|  | 人工操作 |  | 多文档符号 |
|  | 显示器或终端机 |  | 连接符号 |
|  | 磁盘机或数据库 |  | 流程开始与结束 |

### 3.1.2 可行性分析的内容

在一个项目(或课题)启动前，项目组的主要成员必须对项目的可行性进行分析和论证。

可行性分析的大体过程是：首先，概要地进行分析研究，初步确定项目的规模和目标，确定项目的约束和限制，并把它们清楚地列举出来；其次，进行简要的需求分析，抽象出该项目的逻辑结构，建立逻辑模型；最后，从逻辑模型出发，设计出若干种可供选择的主要解决方案。

可行性分析主要考虑的内容有如下七个方面：

(1) 技术可行性。分析目前的技术水平能否达到项目要求，即对所要开发的项目的功能、性能、限制条件进行分析，确定在现有的资源条件下，项目所面临的技术风险情况是否能实现项目的目标。

(2) 经济可行性。进行项目开发成本分析(分析项目成本的方法有：代码行技术、功能点分析技术等)及项目效益分析，确定待开发的项目是否值得投资开发。

(3) 社会可行性。分析要开发的项目是否存在任何法律问题，项目的研究一定在法律许可的范围内进行；判断用户现有管理制度、人员素质、操作方式是否支持项目的运行和实施。

(4) 工作量的估计。按照代码行技术和功能点分析技术估算项目的工作量。

(5) 国内外同类产品的调查。了解市场是否已经存在同类产品，如果存在就需要了解其优势和存在的问题。

(6) 风险性研究。对项目的风险进行评估。

(7) 市场前景的研究。

## 3.2 可行性分析的步骤与效益评价

### 3.2.1 可行性分析的步骤

可行性分析一般有六个步骤：关键人员访谈，研究目前的系统，找出逻辑模型，找出多种方案，写出可行性分析报告，对报告进行审查。

**1. 关键人员访谈**

可行性分析人员找到项目干系人中的关键人员，了解项目的规模和目标。其目的是：防止干系人对项目认识不清楚；确保问题解决的正确性。

**2. 研究目前的系统**

在研究目前已有系统时，应当考虑如下问题：

(1) 目前系统的信息来源于何处；

(2) 目前系统的优点和缺点是什么；

(3) 目前系统与国内外同类产品相比较，优势是什么，不足是什么；

(4) 研究目前系统的必要性是什么。

**3. 找出逻辑模型**

一般从现有的物理系统出发进行逻辑设计，从而导出系统的高层逻辑，使用的工具是数据流程图，然后对导出的逻辑模型进行研究，最后根据开发的目标得到新系统的逻辑模型。在确定了逻辑模型以后，就可以在此基础上开发新的物理系统了。

物理系统一般用系统流程图来描述，这个过程可以用图 3-1 来说明。

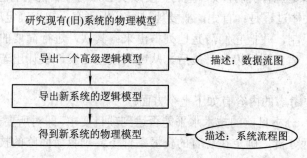

图 3-1　　可行性研究的模型导出图

### 4. 找出多种方案

分析员从新的系统逻辑模型出发，导出几种高层次的物理解决方案供选择。可从技术性、经济性和可操作性等方面进行分析和比较，估算系统的成本和费用，进行效益分析和成本分析，最后从中推荐一种方案并说明理由。

### 5. 写出可行性分析报告

可行性分析报告的撰写格式可参考 3.3 节。

### 6. 对报告进行审查

把可行性报告提交主管后，召开会议进行审查，审查的结论是"通过"或"不通过"。

## 3.2.2　项目效益评价

### 1. 财务评价

按照投资估算、资金筹措、盈利能力分析和债务清偿能力分析的逻辑过程进行分析，突出体现了市场经济时代的项目开发思路。

### 2. 经济评价

经济评价即从资源配置的角度评价项目的费用和效益，分析项目的经济可行性。

财务评价与经济评价的本质区别在于财务评价是从财务管理、现金收支的角度评价项目，所涉及的是与"金钱"有关的问题，经济评价是从资源配置的角度来评价项目，所涉及的是资源使用是否合理的问题。

### 3. 成本估计

成本估计是软件项目管理的重要环节。成本估计的方法有自顶向下法、自底向上法和算法模型估计法三种。

#### 1) 自顶向下法

自顶向下法主要从软件整体开始，首先估计整个软件的成本，然后把成本分配到项目的各个子系统(或子模块)上。一般这种方法是由少数有经验的专家来进行的，他们根据自己的经验，对软件类型进行对比，从而估计出开发的工作量和成本。

这种方法的缺点在于：一般对项目内部的结构和内部模块的难度估计不足。

2) 自底向上法

自底向上法与第一种方法正好相反，它是把整个项目分解为一个个的小任务，越详细越好；然后对每个子任务进行成本估计，最后得到整个项目的成本估计。

这种方法的缺点在于：具体某工作人员对某一局部任务可能熟悉，对其他子任务可能不熟悉，这就有可能造成对整体成本的估计不足。

3) 算法模型估计法

算法模型就是资源模型，算法模型估计法就是选取一个合适的资源模型，结合以上两种方法的使用来达到比较满意的成本估计。

**4. 费用估计**

对项目进行成本估计之后，要进行效益分析还要进行项目的费用估计。费用估计方法有代码行技术、经验法和任务分解法几种。

1) 代码行技术

代码行技术是比较简单的估算方法，是把源代码行数和功能的成本联系起来，一般根据经验和历史数据估计实现一个功能需要的源代码行数(有时按照每 1000 行代码为单位)，再根据经验估算成本(每一行的成本乘以代码行数)。

但是对于复杂的项目，这种方法不一定是合适的方法。例如一些大型项目引用了第三方软件(或中间件)，为了使用第三方软件还要用一定的人力和时间去熟悉，他们不是在编写代码，而是在熟悉其他软件后直接使用，那么这部分工作量如何计算？所以，代码行技术只适合小型软件和简单软件的开发项目，不适合大型软件项目。

2) 经验法

经验法是利用以前做过的类似项目，参考以前的费用估计方法。

3) 任务分解法

首先把工程分解为若干阶段，然后将每个阶段划分成相对独立的子任务，再对每个单独的任务进行单独成本核算，最后加到一起就是总开发成本。表 3-1 给出了各个开发阶段的人力百分比(仅供参考)。

表 3-2　各开发阶段的人力百分比

| 任　务 | 百分比/(%) |
| --- | --- |
| 可行性研究 | 5 |
| 需求分析 | 10 |
| 软件设计 | 25 |
| 编程 | 20 |
| 软件测试 | 20 |
| 综合测试 | 20 |
| 合计 | 100 |

# 3.3 《可行性分析报告》的书写格式

下面给出《可行性分析报告》的格式，以供参考。

## 1. 引言

### 1.1 目的

可行性分析报告的目的是说明实现该软件项目在技术、经济、社会条件等方面的可行性。

### 1.2 产品定义

列出文档中用到的专门术语的定义和缩写词的原文。简要说明产品的意义、功能、用户群等。

### 1.3 项目背景

说明软件产品或项目的来源等背景，具体应包括：

(1) 所建议开发软件的名称；

(2) 项目任务的提出者、开发者、软件用户及软件实施单位；

(3) 项目与其他软件或其他系统的关系；

(4) 软件开发动机，明确是根据用户生产实际需要进行软件开发还是由软件开发公司自主开发。

## 2. 项目组织

### 2.1 公司内部人员

列出和项目有关的开发人员，见下表：

| 姓名 | 部门 | 职称/职务 | 电话 | 项目分工 |
|------|------|-----------|------|----------|
|      |      |           |      |          |

### 2.2 客户单位

列出和项目有关的客户单位及人员，如市场研究调查走访的客户等，见下表：

单位名称：

| 姓名 | 部门 | 职称/职务 | 电话 |
|------|------|-----------|------|
|      |      |           |      |

## 3. 参考资料

列出有关资料的作者、标题、编号、发表日期、出版单位或资料来源，可包括：① 项目经核准的计划任务书、合同或上级机关的批文；② 与项目有关的已发表的资料；③ 文档中所引用的资料，所采用的软件标准或规范。参考资料格式见下表：

| 编号 | 资料名称 | 简介 | 作者 | 日期 | 出版单位 |
|------|----------|------|------|------|----------|
|      |          |      |      |      |          |

列出编写本报告时需查阅的 Internet 上的杂志、专业著作、技术标准以及它们的网址，列于下表：

| 网　　址 | 简　　介 |
|---|---|
|  |  |

**4．术语**

列出本报告中专门术语的定义和英语缩写词的含义。

**5．可行性研究的前提**

**5.1　要求**

列出并说明建议开发软件包的基本要求，如　① 功能；② 性能；③ 输出；④ 输入；⑤ 基本的数据流程和处理流程；⑥ 安全与保密要求；⑦ 与软件相关的其它系统；⑧ 完成期限。

**5.2　目标**

目标包括：① 人力与设备费用目标；② 处理速度目标；③ 控制精度或生产能力目标；④ 管理目标；⑤ 决策系统目标；⑥ 人员工作效率目标；等等。

**6．条件、假定和限制**

说明在这项开发中给出的条件、假定和所受到的限制，具体可包括：

(1) 可利用的信息和资源条件；

(2) 建议开发软件投入使用的最迟时间；

(3) 经费、投资方面的来源和限制；

(4) 硬件、软件、运行环境和开发环境方面的条件和限制。

**7．产品方案**

产品方案是指开发的新产品的理想方案及其具体内容，范围涉及性能、品质、界面、速度、硬件要求、功能等各方面。

**8．销售重点**

销售重点主要描述社会价值和市场前景分析。例如：① 性能、功能方面的优点；② 价格上的优势；③ 服务上的优势。

**9．评价标准**

说明对系统评价时所采用的主要标准，如开发费用、开发时间、软件易用性等。

**10．对现有系统的分析**

这里的现有系统是指当前实际使用的计算机系统，对其进行分析，以决定是开发新系统还是修改现有系统。

(1) 说明现有系统的基本处理方式；

(2) 列出现有系统的工作量；

(3) 列出现有系统的费用开支，如人力、设备、空间、支持性服务、材料等项开支总额；

(4) 列出为了运行和维护现有系统所需人员的专业技术类别和数量；

(5) 列出现有系统所用的主要设备；

(6) 列出现有系统的主要问题和局限性，如处理时间缓慢、响应不及时、数据存储能力不足、处理功能不够等。

### 11．市场分析

#### 11.1 竞争对手分析

所开发的产品可能是全新的产品，但大部分情况是改进后的产品。如果是改进后的产品，必须分析市场上主要竞争对手的情况，如产品的推出时间、市场占有率、销售渠道、用户群、广告方式、售后服务等，如果有市场调查资料，应在附录中列出。

#### 11.2 市场规模

根据产品的用户群、竞争对手情况等资料，预测市场规模。

#### 11.3 产品化程度

在市场评估时，根据客户的需要来预测产品化程度。

### 12．技术可行性评价

技术可行性评价的具体内容包括：

(1) 在限定条件下，利用现有技术是否能达到系统的功能目标；

(2) 开发人员数量和质量能否满足项目的要求，并进行说明；

(3) 能否在规定的期限内完成开发工作。

### 13．投资及效益分析

对于所选择的方案，说明所需的费用，如人力、设备、空间、支持性服务、材料等项开支。

#### 13.1 投资与支出

投资包括：计算机设备，数据通信设备，环境设备。

支出包括：调研费，培训费，差旅费，安装费。

#### 13.2 收益

开发产品或项目带来的效益包括：人力与设备费用的减少；处理速度的提高；控制精度或生产能力的提高；管理信息服务的改进；人员利用率的改进等。

### 14．社会和法律因素方面的可行性

社会和法律因素包括：合同责任，侵犯专利权，侵犯版权等。

### 15．用户使用的可行性

用户使用的可行性包括：用户单位的行政管理、工作制度、人员素质等能否满足要求。

### 16．结论

可行性报告最后必须做出结论。结论可能是：

(1) 可着手组织开发；

(2) 需待若干条件(如资金、人力、设备等)具备后才能开发；

(3) 需对开发目标进行某些修改；

(4) 不能进行或不必进行(如技术不成熟，经济上不合算等)；

(5) 其他。

# 本 章 小 结

本章介绍了项目的可行性分析的任务和步骤。可行性分析主要考虑以下内容：① 技术可行性；② 经济可行性；③ 社会可行性；④ 工作量的估计；⑤ 国内外同类产品的比较；⑥ 风险性研究；⑦ 市场前景的研究。

# 习  题

### 一、选择题

1. 在可行性研究阶段，对系统所要求的功能、性能以及限制条件进行分析，确定是否能够构成一个满足要求的系统，这一过程称为(    )可行性分析。

A. 经济　　　　　B. 技术　　　　　C. 法律　　　　　D. 操作

2. 可行性研究的目的是用最小的代价，在最短的时间内确定问题是否可能解决和值得去解决。可行性研究主要从(    )三个方面进行。

A. 技术可行性、费用可行性、效益可行性

B. 经济可行性、技术可行性、机器可行性

C. 技术可行性、操作可行性、经济可行性

D. 费用可行性、机器可行性、操作可行性

3. 可行性分析中，系统流程图用于描述(    )。

A. 当前运行系统　　　　　　　B. 当前逻辑模型

C. 目标系统　　　　　　　　　D. 新系统

4. 系统流程图中，符号 ⬡ 表示(    )。

A. 处理　　　　　B. 显示　　　　　C. 文件　　　　　D. 外部项

5. 在系统流程图中，符号 ▽ 表示(    )。

A. 人工操作　　　B. 脱机操作　　　C. 脱机存储　　　D. 手工输入

### 二、实训题

调查一个电信集团公司的财务处结算科的资金管理情况，写出"×××电信集团公司的资金管理系统可行性分析报告"。

# 第 4 章 软件需求分析

在可行性研究阶段，已经粗略地定义了系统要解决的问题及系统的目标，并提出了一些可行的解决方案，但是，要真正实现目标系统，我们必须准确、细致地了解用户需求。

## 4.1 需求分析的目标

需求分析是开发过程的基础和依据，故它是软件生命周期中特别重要的一步，也是极其关键的一步。需求分析是一个"磨刀不误砍柴工"的工程。多花些时间把需求细化，并清楚每个细节是有益的。

软件需求分析的基本目的是确定系统必须完成什么工作，也就是对目标系统提出完整、准确、清晰、具体的要求。软件需求分析建立在软件可行性报告基础上，项目分析员通过与用户密切合作、充分交流，完整准确地理解项目中用户信息及信息的处理过程，详细了解用户需求，最终写出用户认可的需求分析报告。

为此，软件需求分析人员应该具备如下能力：

(1) 具备系统的硬件和软件的应用能力；

(2) 具备良好的书面和口头形式进行讨论和交换意见的沟通能力；

(3) 具备"既能看到树木，又能看到森林"的洞察能力。

## 4.2 需求分析的任务

软件需求分析阶段的任务包括：分析系统的信息和数据要求，确定系统的综合要求，使用数据流图和数据字典导出目标系统的逻辑模型，修正系统开发计划，开发原型系统。

### 1. 分析系统的信息和数据要求

**1) 分析系统的信息要求**

系统的信息要求分析主要围绕以下几个方面进行：

(1) 信息内容和关系。信息内容包括单个数据和控制对象。

(2) 信息流。信息流是系统中数据和控制的流向。

(3) 信息结构。信息结构指不同的数据和控制项的内部结构。

**2) 分析数据要求**

任何一个软件系统本质上都是一个数据处理系统，都包括数据的输入、处理与输出过程，因此，软件需求分析阶段必须考虑数据和数据处理方面的有关问题，即弄清系统涉及哪些数据、数据间的联系、数据性质、数据结构，明确数据处理的类型、数据处理的逻辑功能等。

**2. 确定系统的综合要求**

系统的综合要求包括如下几个方面：

(1) 系统功能要求。系统的功能要求是系统最主要的需求，它确定了系统必须完成的功能。

(2) 系统性能要求。系统的性能要求包括可靠性、联机系统的响应时间、存储容量、安全性等，应该根据具体系统而定。

(3) 系统运行要求。系统的运行要求指系统运行的环境要求，如系统软件、数据库管理系统软件、外存和数据通信接口等。

(4) 系统扩充要求。要对将来可能提出的系统扩充及修改要求做好准备。

**3. 导出目标系统的逻辑模型**

在分析完系统的功能需求后，应该建立目标的逻辑模型。逻辑模型的主要任务是建立系统的数据字典、实体关系图(即 E-R 图)、状态转换图、数据流图。需求分析逻辑模型结构图如图 4-1 所示。

图 4-1　需求分析逻辑模型结构图

具体分析如下：

(1) 数据描述。数据描述主要利用实体关系图(E-R 图)和数据字典来描述。

E-R 图中的基本图形符号如表 4-1 所示。

表 4-1　E-R 图的基本图形符号及含义

| 图 形 符 号 | 含 义 |
| --- | --- |
| ▭ | 表示实体，框中填写实体名 |
| ◇ | 表示实体间联系，框中填写联系名 |
| ◯ | 表示实体或联系的属性，圈中填写属性名 |
| ── | 连接以上三种图形，构成具体概念模型 |

现以"课程管理系统"为例，来说明教师、课程、学生之间的实体关系，如图 4-2 所示。

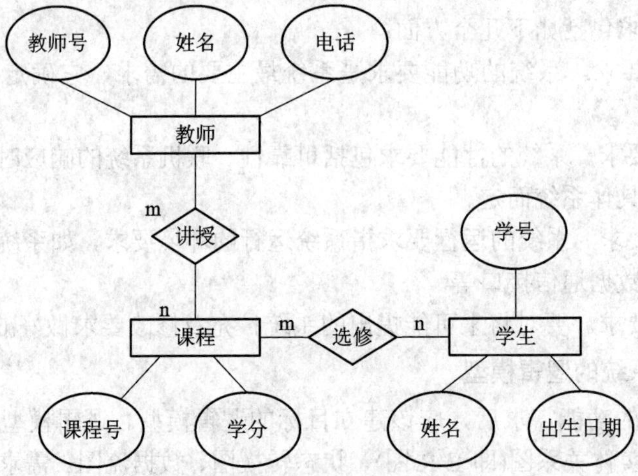

图 4-2　课程管理系统实体关系图

关于数据字典的设计在本章节后面部分将作详细介绍。

(2) 控制描述。控制描述主要使用状态转换图来表示。状态图是用来说明事物的状态、事件和它们之间的关系的。状态图由状态组成，各状态由转移链接在一起。状态是对象执行某项活动或等待某个事件时的条件。关于状态图的设计详细介绍见第 6 章。

(3) 处理描述。处理描述主要使用数据流图和数据字典来表示。关于数据流图的设计也将在本章节后面部分详细介绍。

**4. 修正系统开发计划**

修正系统开发计划是根据分析过程中获得的对软件需求更深入、更具体的认识，对目标系统的成本及进度进行更准确的估算，从而对系统开发计划进一步进行修正。

**5. 开发原型系统**

一般地，在一种新产品投产之前，通常先制造一个"样机"，试机成功后再进行批量生产。原型化系统开发思想是从"样机"中借鉴过来的，即在目标系统开发之前，先构造一个原型系统，以便通过较少的投入和较短的时间，让用户尽快感受到目标系统的主要功能，用户也可以通过对原型系统的了解更准确地提出和确定对所开发的软件的要求。

# 4.3　需求分析的步骤

软件需求分析阶段的工作可以分为以下五个部分：获取项目需求，分析与综合，编制需求分析文档，综合评审，管理需求变更。

**1. 获取项目需求**

项目需求包括下面几个方面的内容：

(1) 功能需求。功能需求指所开发的目标系统应该完成什么功能，是最主要的需求。

(2) 性能需求。性能需求给出目标系统的技术性能指标，包括存储容量限制、响应速度限制等。

(3) 环境需求。环境需求是指目标系统运行时对运行环境的要求。例如，在硬件方面，对机型、外部设备、数据通信接口等的要求；在软件方面，对支持目标系统运行的系统软件(操作系统、网络软件、数据库管理系统等)的要求；在使用方面，对使用部门的制度及其操作人员的技术水平的要求等。

(4) 可靠性需求。不同软件运行时，失效的影响不同。在需求分析时应按实际的运行环境对目标系统运行时发生故障的概率提出要求。对于重要系统，或是运行失效会造成严重后果的系统，应提出较高的可靠性需求。

(5) 安全保密需求。不同的用户对系统的安全、保密的要求也不尽相同。应当对用户这方面的需求恰当地作出规定，以便对待开发系统进行特殊的设计，使其满足用户对安全保密性方面的要求。

(6) 用户界面需求。如果软件具有友好的用户界面，用户就能够方便、有效、愉快地使用该软件。从市场角度看，具有友好用户界面的软件系统具有较强的竞争力。因此，在需求分析时，必须细致地规定用户界面应达到的标准。

(7) 资源使用需求。这是指目标系统运行时对数据、软件、内存空间等各项资源的要求。另外，软件系统开发时所需要的人力、支撑软件、开发设备等都属于软件开发的资源，需要在需求分析时加以确定。

(8) 软件成本消耗与开发进度需求。在软件项目立项后，要根据合同规定，对软件开发的进度和各步骤的费用提出要求，以作为开发管理的依据，并预先估计以后系统可能达到的目标。这样，在开发过程中，可以为系统将来的扩充与修改做好准备。一旦有扩充或修改需要时，就比较容易进行补充和修改。

获取项目需求唯一和最好的方法是深入现场(带上录音笔和调研问题列表，见表 4-2)，倾听用户对目标系统的要求。系统分析员绝不能坐在办公室凭空想象用户的需求而进行"闭门造车"。

表 4-2　调研问题列表

| 序　　号 | 问　　题 | 自己意见 | 用户意见 |
| --- | --- | --- | --- |
| 1 | 希望哪些功能优先实现 | | |
| 2 | 环境要求 | | |
| 3 | 系统操作权限 | | |
| 4 | 界面要求等 | | |

与用户沟通交流的方式有会议、电话、电子邮件、小组讨论、模拟演示(或场景表演)等。

与用户的每一次交流都一定要有记录(或录音)，交流的结果还应该进行分类，以便后续的分析活动。例如，可以将需求细分为功能需求、非功能需求(如响应时间、平均无故障工作时间、自动恢复时间等)、环境限制、设计约束等类型。

### 2. 分析与综合

分析与综合是需求分析阶段的第二步工作，系统分析员需要从信息流和信息结构出发，逐步细化软件的所有功能，找出系统各元素之间的联系、接口特性和设计上的约束，分析它们是否满足功能要求、是否合理，并依据功能、性能、运行环境等需求，最终制定出系统的解决方案和目标系统的详细逻辑模型。

分析与综合工作要反复地进行，直到分析人员与用户双方对系统的解决方案和目标系统的详细逻辑模型都无异议为止。

### 3. 编制需求分析文档

对在分析与综合过程中已经确定了的需求应当用文字清晰准确地进行描述，形成需求分析文档。这些文档应作为软件文档存档。需求分析文档通常由以下三部分构成：

(1) 软件需求规格说明书：主要描述目标系统的概貌、功能需求、性能需求、数据需求(主要包括数据字典、数据流图等)、运行需求和将来可能的扩充需求。

(2) 初步的用户手册：主要包括系统的使用步骤和方法等。

(3) 软件开发实施计划。

### 4. 综合评审

综合评审是需求分析阶段工作的复查手段，综合评审过程中要对系统各项需求的正确性、完整性和清晰性给予评价。在需求评审中主要评审以下内容：

(1) 设计方案的正确性、先进性和经济性；

(2) 系统组成、系统要求及系统内部接口的合理性；

(3) 系统外部接口的合理性；

(4) 采用的设计准则、规范和标准的合理性；

(5) 系统可靠性、可维护性、安全性等要求是否合理；

(6) 关键技术的落实情况；

(7) 编制的质量保证计划是否可行。

### 5. 管理需求变更

在开发的过程中，需求的变更是不可避免的，软件系统在设计、编码以及测试的任何阶段都可能发生需求变更。

如何以可控的方式管理软件的需求变更，对于项目的顺利进行有着重要的意义。如果匆匆忙忙地完成用户调研与分析，则往往意味着需求分析过程没有得到充分的执行。所以需求管理要保证需求分析的各个活动都得到了充分的执行，以求得到正确的需求。

为了保证软件开发的顺利进行，对软件系统需求的变更要按照流程进行严格管理，如图 4-3 所示。

首先进行变更发起。变更的发起者可以是用户，也可以是开发方。用户或者开发方在开发过程感到某些地方不满意时，都可以发起变更要求。

在考虑是否提出需求变更时，建议遵循如下原则：

(1) 减少频繁变更。不要轻易进行需求变更。

(2) 处理过程规范化。如果确实需要变更，必须首先写出"变更申请书"书面申请，经过项目组讨论确定之后才可以实施变更。

在用户向项目组递交"变更申请书"后，项目组要进行需求变更的影响分析和评价，评价的结果可能是批准，也可

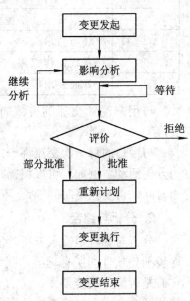

图 4-3 需求变更流程

能是拒绝"变更申请书"的变更。

如果批准变更，有可能要对项目的计划进度或人员等进行相应变更，所以要进行重新计划。

最后，执行相应的变更计划。

# 4.4　数据流图

数据流图(Data Flow Diagram，DFD)是描述系统的逻辑模型的主要形式。它不涉及硬件、软件、数据结构与文件组织，与系统的物理描述无关，只是用一种图形及与此相关的注释来表示系统的逻辑功能，即表述出所开发的系统在信息处理方面"要做什么"。

由于图形描述简明、清晰，不涉及到技术细节，所描述的内容是面向用户的，即使完全不懂信息技术的用户单位的人员也容易理解，因此数据流图是系统分析人员与用户之间进行交流的有效手段，也是系统设计(即建立所开发的系统的物理模型)的主要依据之一。

### 1.　数据流图使用的符号

数据流图中有四种基本元素，其符号表示如图 4-4 所示。

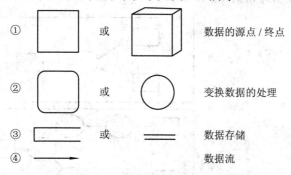

图 4-4　数据流图的基本符号

符号①描述一个源点或终点，其中注明源点或终点的名称。

符号②描述一个变换数据的处理，输入数据在此进行变换产生输出数据，其中需注明处理的名称。

符号③描述一个数据存储，通常用于代表一个数据表，其中注明数据表的名称。

符号④描述一个数据流，即表示被加工的数据及其流向，流线上注明数据名称，箭头代表数据流动方向。

**注意**：数据流与程序流程图的画法不能混淆。在数据流图中只有"数据源(或称做外部项)、数据处理(或称做加工)、数据存储、数据流"这四种图形元素，不能随意创造任何其他图形符号。

一个数据存储并不等同于一个文件，它可以表示一个文件、文件的一部分、数据库的元素或记录的一部分等。

数据流由一个或一组确定的数据组成。数据流的表示应该注意以下事项：

(1) 数据流名应能直观地反映数据流的含义。

(2) 反映数据流的流向。

(3) 数据流可以同名，也可以有相同的数据结构，但不同的数据具有不同的含义。

(4) 在加工、外部项和数据存储之间可以有多个数据流存在。

(5) 避免错误的数据流命名方法。

(6) 当数据存储需要重复时，为了避免可能引起的误解，如果代表同一个事物的相同符号在图中出现在 n 个地方，则在这个符号的一个角上画 n−1 条短斜线做标记。

加工又称处理(亦称变换)，它表示对数据流的操作。加工的符号分成上、下两部分，从上到下分别是标识部分和功能描述部分(见后面的图 4-7 所示)。标识部分用于标注加工编号，以"P"开头；功能描述部分用来写加工名。

数据源点和终点(又称端点)是系统外的实体，称做外部项。它们存在于环境之中，与系统有信息交流，从源点到系统的信息称为系统的输入；从系统到终点的信息称为系统的输出。同一个端点可以是人或其他系统。在数据流图中引入源点和终点是为了便于理解系统，所以不需要详细描述它们，但可以有编号。

如果数据源点和终点相同，可以只用一个符号代表数据的源点和终点，这样至少将有两个箭头和这个符号相连(一个进一个出)，如后面的图 4-7 中的 S1。

## 2. 绘制数据流图的步骤

绘制数据流图过程示意如图 4-5 所示。

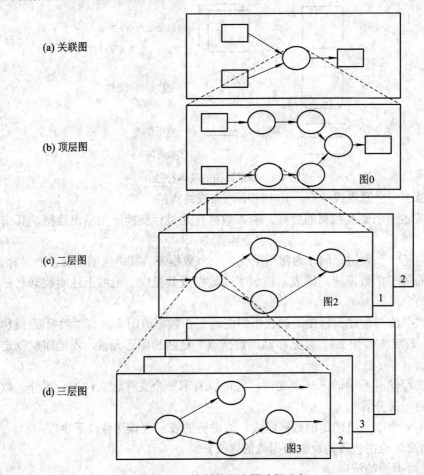

图 4-5 　绘制数据流图过程示意

具体绘制步骤如下：

(1) 确定所开发的系统的外部项(外部实体)，即系统的数据来源和去处。

(2) 确定整个系统的输入数据流和输出数据流，把系统作为一个加工环节，画出关联图。

(3) 确定系统的主要信息处理功能，按此将整个系统分解成几个加工环节(子系统)，确定每个加工的输入与输出数据流以及与这些加工有关的数据存储。

(4) 根据自顶向下、逐层分解的原则，对上层图中全部或部分加工环节进行分解。

(5) 重复步骤(4)，直到逐层分解结束。

(6) 对图进行检查和合理布局，主要检查分解是否恰当、彻底，数据流图中各层是否有遗漏、重复、冲突之处，命名、编号是否确切和合理，对错误与不当之处进行修改。

(7) 与用户进行交流，在用户完全理解数据图的内容的基础上征求用户的意见。

### 3．数据流图举例

下面以储户到银行取款的过程为例来分析绘制数据流图的步骤，其过程描述如下：

首先储户填好取款单，然后把取款单和存折一起交给银行柜台人员。银行柜台人员做如下处理：

(1) 审核存折是否合格，取款金额是否有效，如果不合格或无效，将储户的存折、取款单退回储户。

(2) 如果上述两个条件都验证成功，则进行取款并修改账目，然后将存折及现金交给储户，同时将取款单存档。

该业务过程的数据流图描述如下：

(1) 画出顶层的数据流图——银行取款处理数据流图(如图 4-6 所示)。

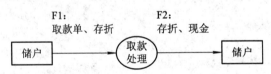

图 4-6　银行取款处理顶层数据流图

(2) 逐层分解加工，画出下层数据流图，即取款的第 2 层数据流图(如图 4-7 所示)。

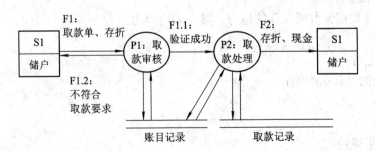

图 4-7　取款的第 2 层数据流图

### 4. 课堂练习

绘出如下所述系统的数据流图：

　　书店向顾客发放订单，顾客将所填订单交由系统处理。系统首先依据图书目录对订单进行检查并对合格订单进行处理，处理过程中根据顾客情况和订单数目将订单分为优先订单与正常订单两种：随时处理优先订单、定期处理正常订单。

　　最后系统根据所处理的订单汇总，并按出版社要求发给出版社。

# 4.5　数　据　字　典

**1．数据字典的内容**

　　数据字典一般包括五类元素(或条目)：数据流、数据元素、数据存储、处理(加工)、外部实体。

　　**1) 数据流**

　　在一个数据流图中，数据以数据流为单位进行传输。其主要内容为：

　　编号：

　　数据流名称：

　　说明(简要介绍其作用及其产生的原因和结果)：

　　数据流来源：

　　数据流去向：

　　数据流组成：

　　**2) 数据元素(数据项)**

　　数据元素也称数据项，是数据的最小单位。其主要内容为：

　　编号：

　　数据元素名称：

　　类型：

　　长度：

　　取值范围：

　　数据结构：

　　**3) 数据存储**

　　数据存储是数据保留或保存的地方。其主要内容为：

　　编号：

　　数据存储名称：

　　简述(存放的是什么数据)：

　　输入数据：

　　输出数据：

　　数据存储组成：

　　存储方式(查询、更新、关键码)：

　　**4) 处理(加工)**

　　处理就是一个处理过程，其主要内容为：

　　编号：

处理名称：

简要描述(功能简述)：

输入数据流：

输出数据流：

处理逻辑(处理算法、处理顺序)：

5) 外部实体(数据源和数据终点)

外部实体是系统的"人—机"界面。数据流由外部实体流入，又从系统向外部实体流出。其主要内容为：

编号：

外部实体名称：

简要描述：

从外部实体输入：

向外部实体输出：

**2. 举例**

现以图 4-7 为例，来设计有关的数据字典。

数据字典如下：

1) *数据流*

编号：F2

数据流名称：存折和现金

说明：本数据流是经"取款处理"后的结果

数据流来源：取款处理

数据流去向：储户

数据流组成：

存折 = 存折号 + 开户行名称 + 户名 + 交易金额 + 交易日期 + 余额 + 操作人 + 复核人

2) *数据存储*

编号：D1

数据存储名称：账目记录

简述：主要存储有关账户信息。

输入数据：客户取款后更新账务数据。

输出数据：用于款项更新、打印和账务查询。

数据存储组成：

账目数据 = 操作日期 + 贷记方 + 借记方 + 余额 + 操作人 + 复核人

3) *处理*

编号：P1

处理名称：取款审核

简要描述：审核账户是否本行账户，取款金额是否小于存折余额。

输入数据流：F1

输出数据流：F1.1，F1.2

4) 外部实体(数据源)

编号：S1

数据源名称：储户

简要描述：拿存折和取款单取款。

从数据源输入：客户提供取款金额等信息。

### 3. 总结

数据流图只描述了系统的"分解"，并没有表达图中的数据、处理等具体含义。对数据流图上各项目含义的不同理解将对以后的开发和维护工作造成不便。

数据字典是对数据流图中的所有数据、处理等进行精确定义。数据流图和数据字典共同构成系统的逻辑模型。

数据字典是需求分析阶段的工具，数据字典最重要的用途是用户通过它可以清楚地了解分析员对系统数据和处理的详细说明。不同的开发人员或不同的开发小组之间可以通过数据字典对数据的理解达成一致，从而避免定义混乱。

数据字典对处理的描述也是很有价值的，如果改变了某个数据的定义，就会对处理产生相应影响。数据字典也是下一步设计的依据，如果所有开发人员都根据数据字典的定义去设计模块，则能避免许多麻烦的接口问题。

### 4. 课堂练习

在学生学籍管理系统中，学生首先拿录取通知书和身份证到校报到，登记并注册，然后进行体检。体检合格后，为学生分配宿舍；体检不合格则拒绝报到注册和登记。请完成如下任务：

(1) 画出上述数据流图。

(2) 写出数据字典。

# 4.6　《需求分析报告》的书写格式

下面给出《需求分析报告》的书写格式以供参考。

### 1. 目的和对象

阐明编写需求说明书的目的，指明读者对象。

### 2. 项目背景描述

(1) 项目的委托单位、开发单位和主管部门；

(2) 该软件系统与其他系统的关系，描述本项目的适用场合及业务处理情况；

(3) 项日名称：本项目的名称，包括项目的全名、简称、代号、版本号；

(4) 名词定义：列出文档中用到的专门术语的定义和缩写词的原文，对重要的或是具有特殊意义的名词进行定义；

(5) 调研情况介绍：描述主要的调研活动及对象。

### 3. 用户情况

1) 用户特点

介绍本项目用户(或潜在用户)的情况，包括：用户的组织结构及职责；用户的技术水平。

2) 业务工作流程

(1) 业务工作流程图：画出用户业务流程图；

(2) 业务情况描述：描述用户工作中每个业务情境；

(3) 用户原有系统的情况：介绍用户现在使用的软件系统的主要功能。

### 4. 任务概述

1) 目标

阐明本项目所需达到的目的。

2) 作用范围以及其他应向读者说明的有关该软件开发的背景

解释被开发软件与其他有关软件之间的关系。如果本软件产品是一项独立的软件，只需说明"全部所需内容自含"即可。如果所定义的产品是一个更大的系统的一个组成部分，则应说明本产品与该系统中其他各组成部分之间的关系。为此，可使用一张方框图来说明该系统的组成和本产品同其他各部分的联系与接口。

### 5. 运行环境

1) 硬件环境

详细列出本软件运行时所必需的最低硬件配置、推荐硬件配置(如主机、显示器、外部设备等)以及其他特殊设备。

2) 软件环境

软件环境包括操作系统、网络软件、数据库系统以及其他特殊软件要求。

3) 条件与限制

说明本软件产品在实现时所必须满足的条件和所受的限制，以及相应的原因。必须满足的条件包括输入数据的范围以及格式，所受的限制包括软件环境、硬件环境等方面的内容。

4) 主要特点

说明本软件产品与同类产品相比的特点，如卖点(仅限于自主产品)。

### 6. 功能需求与功能分析

1) 功能划分

从用户的角度将产品按功能划分成不同的部分，但这些部分不一定对应于最终程序实现时的功能模块。

2) 功能描述

把功能细化，功能划分所生成的各部分的内容应包括下列内容：

(1) 必须完成的功能以及对此功能的详细描述。按功能类型分类，逐条列出本软件所能完成的各项功能以及对此功能的详细描述。

(2) 不支持的功能以及相应的原因。列出本软件所不支持的各项功能以及相应的原因。此部分内容务必详细准确、无二义性，以作为将来验收和测试的标准。

用列表的方式逐项定量和定性地叙述对软件所提出的功能要求。例如，说明软件可支持的终端数和可支持的并行操作的用户数。

### 7. 需求分析

1) 用户需求用例分析

画出业务系统的 UML 用例图，给出业务的角色和用例对应关系。

2) 业务系统的活动图

描述业务系统的 UML 活动图。

3) 功能分析

从系统分析角度描述：采用什么新技术，采用哪种对策来解决将来出现或可能出现的问题。

(1) 按照业务需求或功能特性画出系统结构图；

(2) 采用逐步求精方法分解系统功能结构，画出各子系统的功能结构图，并进行文字描述。

### 8. 数据描述

1) 静态数据

静态数据指长时间不发生改变或临时存储的数据，例如身份证号码等。

2) 动态数据

动态数据指经常发生改变的数据。

3) 外部数据

应描述外部信号、文件、数据库等数据的处理方法和输入规定。

4) 输入/输出数据

应说明输入/输出数据的类型及格式。

5) 数据流图

从数据传递和加工的角度描述系统的数据流图(此数据流图不包含任何有关实现的内容，只是从最上层对有关内容加以描述)。

6) 数据词典

对数据流图中出现所有被命名的图形元素(数据的源点/终点、数据流、数据存储、数据处理)在数据词典中加以定义，使得每一个图形元素的名字都有一个确切的解释。

### 9. 性能需求

1) 数据精确度

根据实际情况，确定产品最终输出数据(包括传输中的数据)的精确度。

2) 时间特性

说明产品(尤其是交互式产品)在响应时间、更新处理时间、数据转换与传输时间、运行时间等方面所需达到的时间特性。

3) 适应性

(1) 复用性。说明本产品是否可以复用已有软件或最终产品是否可为其他产品复用。

(2) 灵活性。说明在运行环境、与其他软件的接口以及开发计划等发生变化时，具有的适应能力。例如：操作方式上的变化，运行环境的变化，同其他软件的接口的变化，精度和有效时限的变化，计划的变化或改进。对于为了提供这些灵活性而进行专门设计的部分应该加以标明。

### 10．运行需求

1) 用户界面

说明本产品的人机界面风格。如屏幕格式、报表格式、菜单格式、输入/输出格式等。

2) 硬件接口

说明该产品与硬件之间各接口的逻辑特点及运行该软件的硬件设备特征。列出运行该软件所需要的硬件设备。说明其中的新型设备及其专门功能，包括：处理器型号及内存容量；外存容量；媒体及其存储格式；设备的型号及数量；输入及输出设备的型号和数量；数据通信设备的型号和数量；其他专用硬件。

3) 软件接口

列出系统的支撑软件(包括中间件)，列出用到的操作系统、开发环境、数据库和测试软件等。说明该产品与其他软件之间的接口，对于涉及的软件产品应指出规格说明、版本号等。

4) 故障处理

列出可能出现的软件、硬件故障以及对各项性能而言所产生的后果和对故障处理的要求。说明本产品在健壮性方面所能达到的目标。

### 11．不确定的问题

说明目前尚未确定的问题及处理的计划。

### 12．风险分析

说明本项目面临的主要风险。例如：时间进度风险、人力资源风险等。

### 13．其他需求

其他需求如易用性、安全保密性、可维护性、可移植性等。

### 14．同类产品简介(限自主产品)

描述同类产品的特点，如工作流程、运行环境、限制条件等。

### 15．用户手册

提交初步用户操作手册(或软件使用说明书)。

### 16．编写人员及编写日期

列出参与编写的人员的名字及编写日期和版本号等，并标明项目负责人。

### 17．参考资料

(1) 项目经核准的计划任务书、合同或上级机关的批文；

(2) 文档所引用的资料、标准和规范等，列出这些资料的作者、标题、编号、发表日期、出版单位等。

# 4.7 需求分析的特性

编写一个高质量的《需求分析报告》应该具有以下五个特性：

## 1. 正确性

每个需求必须精确地描述要交付的功能。需求的正确性取决于是否反映了用户的真正意图。

## 2. 可行性

在已知的能力、有限的系统及其环境中，每个需求必须是可实现的。为了避免需求的不可行性，在需求分析阶段必须有技术人员参与。

## 3. 优先级

对用户需求进行优先排队，并指出具体的产品版本中优先实现的需求。

## 4. 明确性

需求叙述对于多个读者应能达成共识。要避免使用一些对于读者不清楚的主观词汇或形容词，如用户友好性、容易、简单、快速、有效、几个、艺术级、改善的、最大、最小等。每写一个需求都应简洁、直观，并采用用户熟知的术语，不要采用过于专业的术语或网络语言。

## 5. 可验证性

可以使用测试手段验证产品中每个需求是否正确实现。

编写优秀的需求分析报告是没有公式可循的。这里给出编写高质量需求分析报告的建议：

(1) 句子和段落要简短。采用主动语气；使用正确的语法、拼写和标点；使用术语要保持一致性，并在术语表或数据字典中定义。

(2) 换位思考。要看需求是否被有效定义，要和用户进行换位思考。

(3) 需求的细化和合并。努力正确地把握细化程度，可以考虑将多个比较小的需求合并为一个大的需求。

(4) 需求中的定义要一致。需求分析报告的术语在定义上要保持一致。

需求分析报告应准确描述事物，下面给出一个例子。

---

**一、任务描述**

给出如下几个需求描述，请对这些描述进行评审：

描述 1："软件系统应在不少于每 60 秒的正常周期内提供状态信息"。

描述 2："软件系统应瞬间在显示和隐藏不可打印字符间切换"。

描述 3："HTML 分析器可以产生 HTML 标记错误报告，帮助 HTML 入门者快速解决错误"。

描述 4："假如可能，项目主管号码应该通过联机校验，而不是通过全体主管号码列表进行校验"。

**二、任务分析**

(一) 对于"描述 1"的分析

"描述 1"描述的需求含义不明确，表现在以下四点：

---

(1) 未给出状态信息定义;

(2) 未说明信息如何显示给用户;

(3) "软件系统"范围太大, 没有具体指明产品的哪个部分;

(4) "不少于每 60 秒"是个不确定值。

【课堂练习】

按照下面的提示重新编写"描述 1":

(1) 明确系统状态信息;

(2) 后台服务器以误差上下不超过 10 秒的 60 秒间隔, 在用户界面的指定位置显示状态信息;

(3) 假如后台进程处理正常, 那么应该显示任务已完成的百分比;

(4) 任务完成时应显示相关的信息;

(5) 后台任务出错应该显示错误信息。

(二) 对于"描述 2"的分析

"描述 2"描述的需求含义不明确, 表现在以下三点:

(1) "瞬间"含义不明确;

(2) 没有声明触发状态切换的条件;

(3) 需求的不可证实性, 如对于"不可打印字符"和"隐藏字符"没有定义。

我们可以这样更改一下"描述 2":

"用户能够在一个特定触发条件下, 对文档中所有 Html 标记与隐藏文档中所有 Html 标记进行切换"。

(三) 对于"描述 3"的分析

这个需求无法验证, 表现在:

(1) 单词"快速"是个(形容词)模糊词。

(2) 错误报告所包含的内容不明确。

我们可以这样更改一下"描述 3"的描述:

"HTML 分析器可以产生一个错误报告, 错误报告包含有在被分析文件中出错的 HTML 文本和行号以及错误的描述。假如没有错误, 就不会产生错误报告"。

这样, 出错报告包含的内容就清楚了。

(四) 对于"描述 4"的分析

这个需求描述不明确, 表现在:

(1) "假如可能"很模糊。

(2) "应该"是一个不确切的词, 没有指明用户是否需要这个功能。

我们可以这样更改一下描述 4:

"系统必须通过联机的方法校验输入的项目主管号码, 而不能通过全体主管号码列表来校验主管号码。"

# 4.8　需求管理工具

需求管理是项目团队工作的起点, 很多研发团队开发过程混乱的源头都在于需求管理没有做好。项目需求管理应从需求采集开始，贯于整个项目生命周期，力图实现最终产品同需求的最佳结合。

需求管理工具是项目团队工作的利器。考察一个需求管理工具软件，可以从下面几点出发：

(1) 需求基本信息是否完备。

(2) 需求的层次组织，即需求本身是如何组织在一起的。

(3) 需求的评审及权限控制。

(4) 需求和版本、测试是如何关联的。

(5) 需求变更的支持。

本节介绍几款国内外流行的需求管理工具。它们是 IBM 公司的 Rational RequisitePro、Telelogic DOORS、Borland CaliberRM、统御需求管理软件 oKit 四个工具。读者可以根据自己的项目特点来选择使用。

## 4.8.1 常用工具介绍

### 1. Rational RequisitePro

IBM 的 Rational RequisitePro 解决方案是一种需求和用例管理工具，它能够帮助项目团队改进项目目标的沟通，增强协作开发，降低项目风险，并可以在部署前提高应用程序的质量。通过与 Microsoft Word 的高级集成，Rational RequisitePro 可以为需求的定义和组织提供熟悉的环境。Rational RequisitePro 还提供数据库与 Word 文档的实时同步能力，为需求的组织、集成和分析提供方便；支持需求详细属性的定制和过滤，以最大化各个需求的信息价值；提供了详细的可跟踪性视图，使通过这些视图可以显示需求间的父子关系，以及需求之间的相互影响关系；通过导出的 XML 格式的项目基线，可以比较项目间的差异。Rational RequisitePro 也可以与 IBM Software Development Platform 中的许多工具进行集成，以改善需求的可访问性和沟通性。

Rational RequisitePro 的软件界面如图 4-8 所示。

图 4-8　Rational RequisitePro 界面图

关于 Rational RequisitePro 的使用手册读者可在百度文库上下载。(Rational RequisitePro 需求工具的下载网址：http://www-01.ibm.com/software/awdtools/reqpro/)

**2．Telelogic DOORS**

Telelogic DOORS 是基于整个公司的需求管理系统，用来捕捉、链接、跟踪、分析及管理信息，以确保项目与特定的需求及标准保持一致。使用 DOORS，用户可以编辑、跟踪和管理项目中建立起来的所有需求，以保证最终产品符合所有定义的客户需求，进行变更和配置管理。

Telelogic DocExpress 是业界最被广泛集成的自动化文档处理工具，它通过从多个工具中将数据组合在单一视图中来维护最新的项目文档，及产生标准化、格式化的报告。

Telelogic DOORS 的安装步骤如下：

(1) 该软件默认用户名是 Administrator 并且区分大小写。安装界面如图 4-9 所示。

图 4-9　Telelogic DOORS 安装步骤(1)

(2) 登录后可以添加、编辑新的用户，如图 4-10 所示。

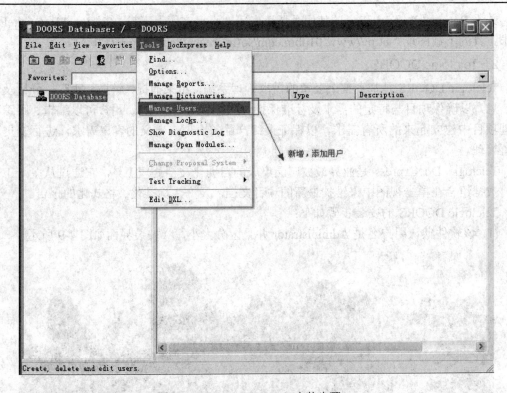

图 4-10    Telelogic DOORS 安装步骤(2)

(3) 新建一个工程，如图 4-11 所示。

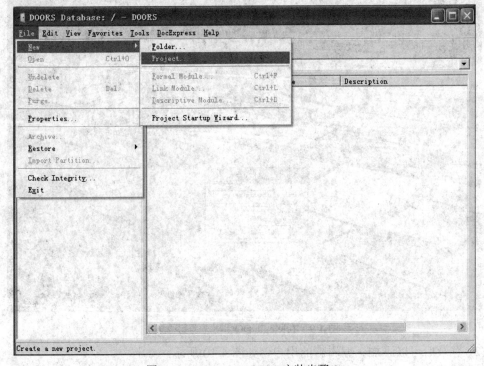

图 4-11    Telelogic DOORS 安装步骤(3)

(4) 添加工程文件，如图4-12所示。

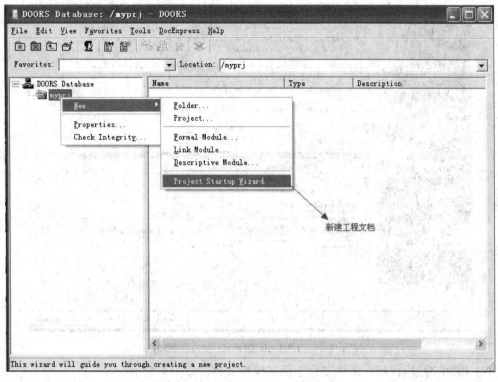

图4-12 Telelogic DOORS 安装步骤(4)

(5) 选择工程需要的文档信息，如图4-13所示。

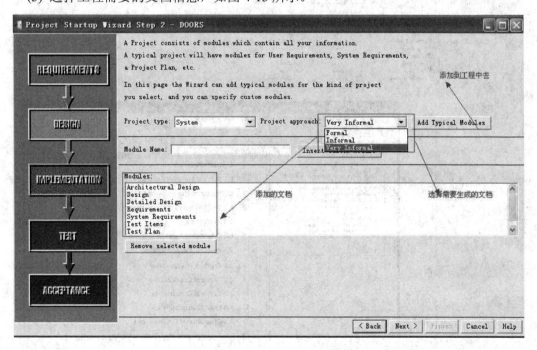

图4-13 Telelogic DOORS 安装步骤(5)

(6) 添加模型，如图 4-14 所示。

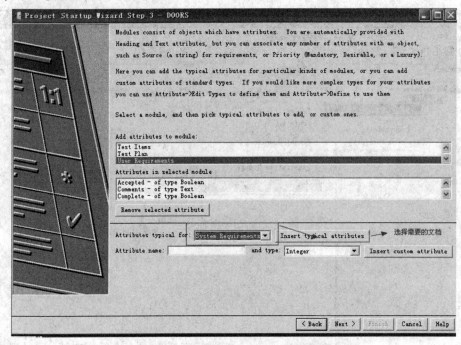

图 4-14　Telelogic DOORS 安装步骤(6)

(7) 添加完成模板后，编辑工程下面的模板文件，如图 4-15 所示。

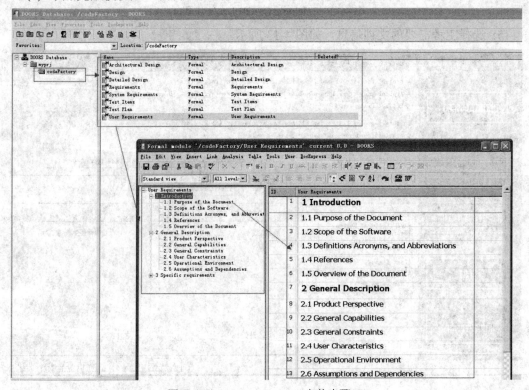

图 4-15　Telelogic DOORS 安装步骤(7)

(8) 选择栏目右键内容，如图 4-16 所示。

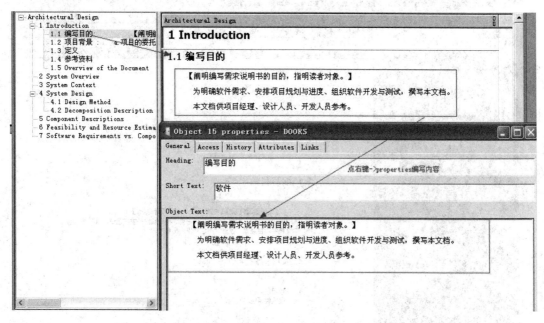

图 4-16　Telelogic DOORS 安装步骤(8)

(9) 将编辑好的文档内容导出为 Excel 格式，如图 4-17 所示。

图 4-17　Telelogic DOORS 安装步骤(9)

(10) 查看导出的文档，如图 4-18 所示。

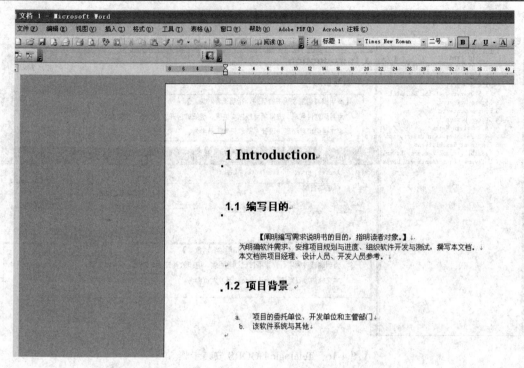

图 4-18　在 Telelogic DOORS 中查看导出的文档

### 3. Borland CaliberRM

Borland CaliberRM 是一个基于 Web 和用于协作的需求定义和管理工具，可以帮助分布式的开发团队平滑协作过程，从而加速交付应用系统。此工具具有如下特点：

(1) Borland CaliberRM 对需求的管理远远优于 Word 文档方式。Borland CaliberRM 采用树型层次结构将需求逐级细化，层次分明，保证了需求的完整性和可更改性，并且每一需求具有唯一的标示标签，保证了需求的一致性。

(2) 采用了统一的用户(组)管理，可以针对单个需求节点分配用户或用户组的控制权限。

(3) 可以对需求的版本进行控制，记录更改人员、时间等信息，可以比对不同版本的区别。

(4) 可以定义需求的优先级。

(5) 提供对需求的跟踪功能，包括 SCM、Together、TestDirector Tests 等。

(6) 每个需求可以附加许多资源，资源类型包括文件类型、文本类型、Web 类型。

(7) 可针对每个需求建立讨论区。

(8) 需求具有多种状态，如草稿、公认、未决的、提交的，针对未决、提交状态的需求项目成员(客户代表)可以讨论、评审(对正确性、可行性和必要性进行评审)，达成一致后定为公认的。针对公认的需求项目成员直接执行即可。

(9) Borland CaliberRM 提供了数据字典管理，进一步保证了需求的一致性，减少了冗余。

(10) Borland CaliberRM 提供了多种对需求的统计和报告，还提供了生成 Word 文档功能。

(Borland CaliberRM 需求工具下载网址：https://borland-caliberrm.updatestar.com/)

#### 4．统御需求管理软件 oKit

oKit 是一套国产需求管理工具，它可以记录需求和它的演变过程，跟踪需求与设计、测试之间的关系，帮助用户分析需求变化造成的每一个影响，评估需求变更造成的工作量，让需求管理不再成为项目的短板。oKit 需求管理软件能帮助用户实现项目需求条目化、版本化、层次化管理，建立需求跟踪矩阵，实现需求变更影响分析，并能在不同单位间实现离线数据交换。oKit 具备以下主要特点：

(1) 需求流程、需求报表、需求属性全部支持自定义；

(2) 支持大数量级的需求跟踪矩阵；

(3) 支持需求条目多层次关联管理；

(4) 支持不限级数的事前变更，影响覆盖分析；

(5) 需求变更后自动进行影响标记；

(6) 需求自动生成任务；

(7) 跨网路需求数据离线交换；

(8) 支持设置角色，具有严格的数据权限控制；

(9) 支持版本化管理；

(10) 支持需求输出到 Word 和 Excel，可自定义输出样式。

(oKit 需求工具下载网址：http://www.kingrein.com/)

## 4.8.2　工具之间的比较

表 4-3 给出了需求工具 DOORS、RequisitePro、RequisitePro、CaliberRM 之间的比较。

### 表 4-3　四个需求工具的比较

| 比较内容 | DOORS | RequisitePro | oKit | CaliberRM |
|---|---|---|---|---|
| 项目开发可扩展性 | 一个 DOORS Database 能够同时支持许多个不同的项目开发，从而使得新的项目能够复用和共享过去的文件和信息。不同项目(文件)之间的追踪关系可以跨项目建立。 | 将需求的数据存放在数据库中，而把与需求相关的上下文信息存放在 Word 文档中，用户使用 ReqPro 时必须安装 Word。 | 支持许多个不同的项目开发，从而使得新的项目能够复用和共享过去的文件和信息。不同项目(文件)之间的追踪关系可以跨项目建立。支持需求合并和分拆，自带编辑工具，不需安装 Word。另外在流程、报表上完全支持自定义，需求属性可自由扩展。 | 只支持单个项目的开发，即一个 Database 只能支持一个项目的开发，因此无法支持对过去文件和信息的复用和共享。 |

续表一

| 比较内容 | DOORS | RequisitePro | oKit | CaliberRM |
|---|---|---|---|---|
| 对需求变更的管理 | 支持变更管理系统，即变更的提交、评审、应用，并因此可以给指定的用户分配不同的角色。 | 没有变更管理系统，只能依赖于与Rational的配置/变更管理工具集成ClearQuest。 | 每条需求唯一标识，全程跟踪变化历程，可以跟踪需求变化请求单。需求条目状态可扩充，所有需求变更会纳入变更管理模块进行管控。 | 没有变更管理系统，只能依赖于与配置管理工具的集成，但集成的功能比较弱，无法支持追踪关系。 |
| 对需求基线的管理 | 本身具备对需求的基线管理功能，可比较不同基线的需求差异，实现需求基线管理。 | 只能依赖于与Rational的配置/变更管理工具集成，但只能存储版本，无法比较需求差异。 | 自身具备对需求的基线管理功能，可比较不同基线的需求差异，实现需求基线管理，并可根据差异分析变更影响。 | 无 |
| 多个需求项及追踪关系的显示 | 能够在屏幕上给用户一次显示一个文件中的多个或所有需求项和相互之间的追踪关系(即支持横向和纵向的需求追踪)，从而支持用户同时观看所有相互依赖的需求项。 | 一次只能显示一个需求项供用户观看，限制了用户同时直接阅读其它需求项，因此也不能在屏幕上一次显示相互连接的多个需求项和文件。 | 能够在屏幕上给用户显示一个文件中的多个或所有需求项和相互之间的追踪关系(即支持横向和纵向的需求追踪)，从而支持用户同时观看所有相互依赖的需求项。可以在编辑的同时建立需求跟踪，也可通过专门的跟踪矩阵建立工具快速建立关系。 | 一次只能显示一个需求项供用户观看，因此大大限制了用户同时参考其它需求项的直观阅读。 |
| 权限控制 | 具有灵活的权限控制，包括只读、修改、创建、删除、管理等五种级别。权限控制可以针对每一个用户在每一个database、项目目录、文件、需求项、属性上实施。 | 无法针对不同的用户，对数据库结构自上到下的每一个层次做到灵活有效的权限控制。 | 支持按项目控制，支持单个需求文档的读写控制。 | 无 |

续表二

| 比较内容 | DOORS | RequisitePro | oKit | CaliberRM |
|---|---|---|---|---|
| 可疑link(需求变更)的通知 | 当 link 的一方产生变更时，DOORS 可以自动产生提示符通知另一方，而不需要在 link 的矩阵上查找。 | 没有自动提示，必须通过追踪关系矩阵来查找，当追踪矩阵比较大时，非常费时费力。 | 可以分析输出变更影响条目，另外 oKit 自带即时通讯工具叮咚，所有需求的变更可以通过叮咚或内外部邮件自动通知到相关干系人。 | 没有自动提示，必须通过矩阵来查找，当矩阵比较大时，非常费时费力。 |
| 数据备份和恢复 | DOORS 在恢复备份的数据时能够保证数据库中已有的文件不会被覆盖。当数据库中已有同名的文件时，数据库系统会自动地给被恢复的文件另外的名字；<br>由于 DOORS 把所有数据均存放在数据库中，因此数据的备份和恢复过程既安全又简单。 | 无 | 支持需求导出成文件备份，随时可进行数据的离线交换，且不会覆盖原有文件，或通过全系统备份恢复进行。 | 无 |
| 与其他工具的集成 | 作为独立的软件供应商，Telelogic DOORS 不但可与 Telelogic 自身的其他软件工具集成，还可与 Microsoft、IBM Rational、Mercury 等厂商的工具集成。 | 不能与其他工具集成，只能与自身的软件工具集成。 | 需求管理完全基于 Web 完成，但也可以根据用户选择输出成 Word 文档。可以与自身任务管理和配置管理集成，也可根据用户需求集成第三方工具软件。 | 无 |

续表三

| 比较内容 | DOORS | RequisitePro | oKit | CaliberRM |
|---|---|---|---|---|
| 异地需求管理 | DOORS 提供了灵活的实现需求异地管理的方式；DOORS 强大的性能优势也保障了大型项目异地需求开发/管理的可能。 | 无异地使用模式。 | oKit 因为采用 Web 模式，所以在异地需求管理方面有着得天独厚的优势，另外它提供了导入、导出、分拆、合并的功能，支持大型项目的异地需求开发和管理，支持高可用的部署模式，支持集群部署，单个应用服务器可支持 600 个的并发。 | 无 |
| Import and Export (文件的导入导出) | DOORS 在从 Word 导入文件时，会把 Word 文件中的表格、图形和 OLE 对象原封不动地导入，并可以在 DOORS 中对导入的表格和 OLE 对象(如 MS Visio 图形)进行编辑。 | 无 | 支持将文件全部导出成 Word，用户也可以选择导出的属性。导出的 Word 文档保留原格式和节次。 | 在从 Word 导入文件时，会丢失所有 Word 文件中的表格、图形和 OLE 对象，这样也就谈不上对它们进行编辑了。 |

# 本 章 小 结

本章首先介绍了需求分析的目标和任务以及需求分析过程，需求分析要回答的问题是"系统需要做什么"。重点以任务驱动教学方法介绍了数据流图的绘制方法和数据字典的设计，然后介绍了需求分析报告的书写格式和编写高质量需求分析报告的建议，最后给出了需求分析的工具介绍。

# 习 题

**一、选择题**

1. 数据流图的三种成分为 ① 、 ② 和 ③ ， ② 是数据流中 ① 的变换， ③ 用来存储信息，　④　对　①　、　②　、　③　进行详细说明，用　⑤　对　③　进行详细描述。

①②③④　　　A. 消息　　　　B. 文书　　　　C. 父母　　　　D. 数据流

⑤　　　　　　E. 加工流　　　F. 文件　　　　G. 数据字典　　H. 结构化语言

　　　　　　　I. 加工　　　　J. 测试

2．分层数据流图是一种比较严格又易于理解的描述方式，它的顶层描绘了系统的( )。

　　A. 总貌　　　　　　B. 细节　　　　　　C. 抽象　　　　　　D. 软件的作者

3．数据流图中，当数据流向或流自文件时，( )。

　　A. 数据流要命名，文件不必命名

　　B. 数据流不必命名，有文件名就足够了

　　C. 数据流和文件均要命名，因为流出和流进数据流是不同的

　　D. 数据流和文件均不要命名，通过加工可自然反映出

4．程序流程图(框图)中的箭头代表( )。

　　A. 数据流　　　　　B. 控制流　　　　　C. 调用关系　　　　D. 组成关系

5．结构化程序设计思想的核心是要求程序只由顺序、循环和( )三种结构组成。

　　A. 分支　　　　　　B. 单入口　　　　　C. 单出口　　　　　D. 有规则 GOTO 语句

6．信息隐蔽的概念与下述概念中的( )直接相关。

　　A. 软件结构定义　　　　　　　　　B. 模块独立性

　　C. 模块类型划分　　　　　　　　　D. 模块耦合度

7．软件设计一般分为总体设计和详细设计，它们之间的关系是( )。

　　A. 全局和局部　　　　　　　　　　B. 抽象和具体

　　C. 总体和层次　　　　　　　　　　D. 功能和结构

8．软件需求分析时期的任务是( )。

　　A. 系统做什么

　　B. 系统可不可以做

　　C. 系统怎样做

9．模块之间的接口是指( )。

　　A. 数据传递　　　　B. 信息传递　　　　C. 调用方式　　　　D. 数据文件

10．软件的( )设计又称为总体结构设计，其主要任务是建立软件系统的总体结构。

　　A. 概要　　　　　　B. 抽象　　　　　　C. 逻辑　　　　　　D. 规划

11．为了提高模块的独立性，模块内部最好是( )。

　　A. 逻辑内聚　　　　B. 时间内聚　　　　C. 功能内聚　　　　D. 通信内聚

**二、问答题**

1．数据流图都有哪几个要素？分别可用哪些符号来表示？请对你比较熟悉的某个会计处理业务用数据流图加以说明。

2．试述模块图与数据流图的关系。

3．阅读下列说明和数据流图(见图 4-19～图 4-22)，回答问题(1)～(4)。

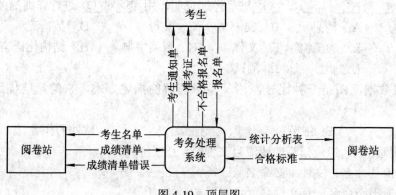

图 4-19　顶层图

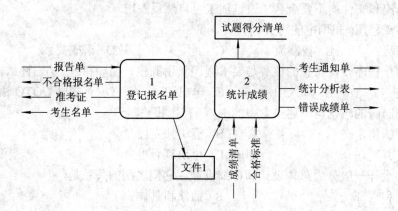

图 4-20　0 层图

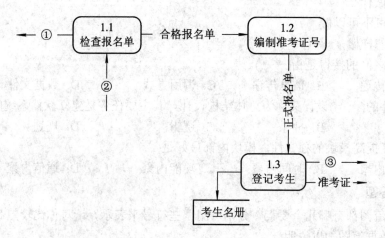

图 4-21　1 层图一

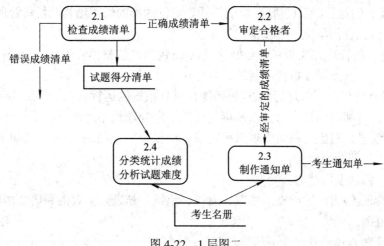

图 4-22　1 层图二

**【说明】**

数据流图是一个考务系统的数据流图。

图中的圆角矩形框表示加工；箭头表示数据流；符号 ▭ 表示文件。

该系统有如下功能：

- 对考生送来的报名表进行检查。
- 对合格的报名表编好准考证号，将准考证送给考生，并将汇总后的考生名单送给阅卷站。
- 对阅卷站送来的成绩清单进行检查，并根据考试中心制定的合格标准审定合格者。
- 制作考生通知单送给考生。
- 进行成绩分类统计(按地区、年龄、文化程度、职业和考试级别等分类)和试题难度分析，产生统计分析表。

部分数据流的组成如下所示：

　　　报名单＝地区＋序号＋姓名＋性别＋年龄＋文化程度＋职业＋考试级别＋通信地址

　　　正式报名单＝报名单＋准考证号

　　　准考证＝地区＋序号＋姓名＋准考证号＋考试级别

　　　考生名单＝(准考证号＋考试级别)

　　　统计分析表＝分类统计表＋难度分析表

　　　考生通知单＝考试级别＋准考证号＋姓名＋合格标志＋通信地址

完成如下问题：

(1) 指出如图 4-21 所示的数据流图中①、②、③的数据流名称。

(2) 指出 0 层(如图 4-20)的数据流图中有什么成分可删除，以及文件 1 的名称。

(3) 指出如图 4-22 所示的数据流图中在哪些位置遗漏了哪些数据流，也就是说，要求给出漏掉了哪个加工的输入或输出数据流的名字。

(4) 指出考生名册文件的记录至少包括哪些内容。

**三、实训题**

某大学的科研处准备开发一个"科研信息管理系统"。请按照如下方式调查需求：

1．大学现有的运行状况(包括单位的性质、单位内部的组织结构、科研管理过程、办公布局、主管部门、合作单位、下属部门等)；

2．大学现有的管理方式和基础数据管理状况(包括单位整体管理状况的评估、组织职能机构与管理功能、重点职能机构的管理方式等)；

3．大学现有的信息系统运行状况(包括现行信息系统的运行状况、特点、所存在的问题、可利用的资源、可利用的技术力量以及可利用的信息处理设备等)。

整理以上信息，写出《科研管理系统需求分析报告》，报告中主要体现如下几点内容：

(1) 组织机构和功能业务；

(2) 组织目标和发展战略；

(3) 科研管理流程(课题申报、批准、立项、组织、结题、需要的科研文档等)；

(4) 数据流图；

(5) 科研管理方式和具体业务的管理方法；

(6) 可用资源和限制条件；

(7) 现存问题和改进意见。

4．某业务处需要购置设置，有如下流程：

(1) 业务处写出申请表，报请设备科；

(2) 设备科首先作预算，把预算表送财务处审批；

(3) 财务处审批后，如果同意，把资金送到设备科；

(4) 设备科购买设备，送到业务需求处室。

要求：根据上述文字描述，画出上述订货系统的数据流图。

# 第 5 章 结构化软件设计

系统设计是把软件需求转化为软件表示的过程，主要工作包括：① 系统概要设计；② 系统详细设计；③ 编写《系统设计报告》。

## 5.1 软件体系结构

软件体系结构的思想最早是由 Dijsktra 等人提出的，Mary Shaw(玛丽·萧)、David Garlan(戴维·甘兰)、Dewayne Perry(迪维恩·伯瑞)和 Alex Wolf(亚历克斯·沃尔夫)等人在 20 世纪 80 年代末对其作了进一步的研究和发展。软件体系结构如今已经成为软件工程研究的重点，许多研究人员基于自己的经验从不同角度对软件体系结构进行了刻画。

Perry 和 Wolf 等人认为软件体系结构由一组具有特定形式的体系结构元素组成，包括处理元素、数据元素和连接元素三种。

Garlan 和 Perry 则指出，软件体系结构包括系统的构件结构、构件间的相互关系，以及控制构件设计与演化的原则和规范等三个方面。

Shaw 和 Garlan 认为，体系结构是对构成系统的元素、这些元素间的交互、它们的构成模式，以及这些模式之间限制的描述。

目前比较统一的定义是：软件体系结构是系统的高层结构共性的抽象，是建立系统时的构造模型、构造风格和构造模式。

目前在商业软件开发中常用的软件体系结构有以下几种：层次体系结构、C/S 结构和 B/S 结构。

### 1. 层次体系结构

层次体系结构就是利用分层的处理方式来处理复杂的问题，层次系统要求上层子系统调用下层子系统的功能，而下层子系统不能够调用上层子系统的功能。

例如，TCP/IP 网络体系结构就是层次体系结构，它是通过四层(应用层、传输层、网络层、网络接口层)来实现的，如图 5-1 所示。

TCP/IP 体系结构的层次按功能来划分，每一层都有特定的功能，它一方面利用下一层所提供的功能，另一方面又为其上一层提供服务。通信双方在相同层之间进行通话，通话规则和协定的整体就是该层的协议。每一层都有一个或多个协议。

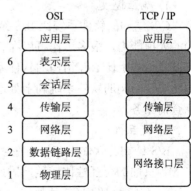

图 5-1 TCP/IP 网络体系结构

协议的分层模型便于协议软件按模块方式进行设计和实现，这样每层协议的设计、修改、实现和测试都可以相对独立进行，从而减少复杂性。

### 2. C/S 结构

客户机/服务器结构简称 C/S 结构，它是两层体系结构，由服务器提供应用(数据)服务，客户机通过网络与服务器进行连接，向服务器提出服务请求，如图 5-2 所示。

在实际应用中常采用基于"胖客户机"的两层应用。客户端软件一般由应用程序及相应的数据库连接程序组成，服务器端软件一般是某种数据库管理系统。

### 3. B/S 结构

"浏览器/服务器"结构简称 B/S 结构，如图 5-3 所示。在这种结构下，主要业务逻辑在服务器端实现，极少部分业务逻辑在前端浏览器实现。客户机统一采用浏览器，用户工作界面通过 WWW 浏览器来实现。

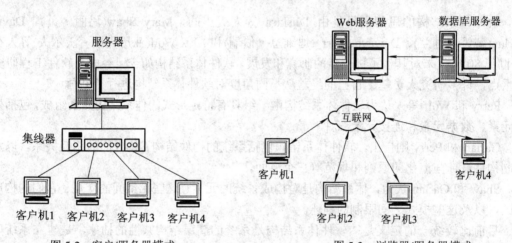

图 5-2　客户/服务器模式　　　　　　　图 5-3　浏览器/服务器模式

这种结构最大的优点是：客户机端只需安装浏览器，登录服务器即可执行 B/S 结构的软件应用系统。这样不仅让用户使用方便，而且使得客户机不存在安装维护的问题。当然软件开发和维护的工作不是消失了，而是转移到了 Web 服务器端。

### 4. B/S 和 C/S 比较

1) 响应速度

C/S 结构的软件系统比 B/S 结构的软件系统在客户端响应方面速度快，能充分发挥客户端的处理能力，很多工作可以在客户端处理后再提交给服务器。由于 C/S 结构的软件系统在逻辑结构上比 B/S 结构的软件系统少一层，对于相同的任务，C/S 完成的速度总比 B/S 快，因此 C/S 结构的软件系统利于处理局域网内大量数据，B/S 结构的软件系统利于处理远程信息查询业务。

2) 交互性

B/S 结构的软件系统只需在客户端(除操作系统软件外)安装一个浏览器，由于浏览器和 HTML 页面的交互性比较差，因此 B/S 结构的软件系统没有 C/S 软件系统的交互性好。

3) 打印和 I/O 接口的处理能力

C/S 结构的软件系统在软件处理打印和计算机接口方面比 B/S 结构的软件系统方便。例如，打印报表、RS-232 异步通信口的控制等。

4) 维护费用

C/S 结构的软件系统在系统维护方面没有 B/S 结构的软件系统方便。C/S 结构的客户端需要安装专用的客户端软件，属于"胖客户端"。系统软件升级时，每一台客户机需要重新安装，其维护和升级成本非常高。

而 B/S 结构的软件系统属于"瘦客户端"，软件工程师维护软件系统不需要在不同地域之间来回奔跑，只需要在服务器端进行维护就可以。

# 5.2　概　要　设　计

## 5.2.1　概要设计的任务与步骤

在需求分析阶段，要解决软件"做什么"的问题。在明确了做什么之后，下一步(概要设计阶段)关键要解决软件"怎么做"的问题。这个过程是将软件"做什么"的逻辑模型变换为"怎么做"的物理模型，从总体上说明软件系统是如何实现的，又称为总体设计。

概要设计的任务主要有：

(1) 确定体系结构、系统的外部接口和内部接口，画出数据流图。

(2) 进行模块划分，对初始结构图进行改进完善。

(3) 制定设计规范，对筛选后的模块和逻辑数据结构进行列表说明。

(4) 确定用户主界面。

(5) 进行主要的算法设计。

(6) 进行异常处理设计。

(7) 编写概要设计文档。

### 1．确定体系结构

仔细阅读《需求分析说明书》，理解系统的建设目标、业务现状、现有系统情况、客户需求等各功能说明，最后决定选择 B/S 体系结构还是 C/S 体系结构。

### 2．确定系统的外部接口和内部接口

研究需求分析，从总体说明外部用户有哪些，软硬件系统与外部的接口是哪些，系统内部模块间的接口属于内部接口。然后对接口的命名、顺序、数据类型、传递形式做出更具体的规定，再将这些接口分配到具体的模块中。

### 3．画出数据流图

弄清数据流加工的业务过程，决定数据处理问题的类型，判定是属于事务型问题还是变换型问题。

### 4．模块划分并导出数据结构

模块划分要根据模块原则进行，从宏观上将系统划分成多个高内聚、低耦合的模块。内聚是一个模块内部各成分之间相关联程度的度量。耦合是模块之间依赖程度的度量。内聚和耦合是密切相关的，与其它模块存在强耦合的模块通常意味着弱内聚，而强内聚的模

块通常意味着与其它模块之间存在弱耦合。

然后对模块划分进行再完善。完善原则是所有的加工都要能对应到相应的模块，消除完全相似或局部相似的重复功能，理清模块间的层次、控制关系，减少模块间信息的交换量，平衡模块大小，对模块划分进行合理调整。

对数据字典进行完善，导出逻辑数据结构，即每种数据结构上的操作，最后对这些逻辑结构进行列表说明。

确定系统包含哪些服务系统、哪些客户端和数据库管理系统；确定每个模块放在哪个应用服务器或客户端的哪个目录下。

**5．进行主要的算法设计**

一个高效率的程序是基于良好的算法的，而不是基于编程技巧，因此在系统中应该确定哪些是主要算法，哪些应该进行异常处理设计。

**6．制定设计规范**

设计规范包括命名约定、界面约定、程序编写规范、文档书写规范等内容。

**7．制定测试计划**

测试工作应当在软件开发的每一个阶段都要予以考虑。 测试计划包括测试目的、测试范围、测试对象、测试策略、测试任务、测试用例、资源配置、测试结果分析和度量以及测试风险评估等，测试计划应当适当完整。

**8．编写概要设计文档**

在这个阶段应该完成的文档通常有《概要设计说明书》《用户手册》《测试计划》等。

最后对概要设计的结果进行严格的技术审查，在技术审查通过之后再由使用部门的负责人从管理的角度进行复审。

## 5.2.2 概要设计原则

概要设计原则的基本思想(也就是概要设计基本原理)是：模块化设计、抽象、自顶向下逐步求精设计、模块独立性、信息隐蔽。

**1．模块化**

模块是一个软件系统的最小单元。从逻辑上看，模块能完成一定的处理功能，给它一定的输入信息，它可对之进行加工处理，输出相应的结果信息；从物理上看，模块是通过名字来调用的一段程序，例如过程、函数、子程序、宏等都可作为模块。模块是数据说明、可执行语句等程序对象的集合，可以单独被命名而且可通过名字来访问。

模块一般具有如下三个属性：

(1) 功能，指该模块实现什么功能，解决什么需求。此处的功能指该模块本身的功能与它所调用的所有子模块功能之和。

(2) 逻辑，描述模块内部如何做，即模块内部的执行过程。

(3) 状态，指该模块使用时的环境和条件。

模块化就是将程序划分成若干个模块，每个模块完成某个子功能，然后把这些模块集合起来组成一个整体，以完成指定的功能来满足解决问题的要求。

模块化设计不但降低了系统的复杂性，使得系统容易修改，而且可以使系统各个部分得以并行开发，提高了软件的生产效率。

### 2. 抽象

抽象是认识现实世界中复杂问题的思维工具，即从事物的本质中抽出其共性而不考虑其他因素。软件设计方法中对功能逐步细化的每一步都是抽象化处理。

### 3. 自顶向下逐步求精

"分解"和"抽象"是结构化方法解决复杂问题的两个基本手段。

分解是把大问题分解成若干个小问题，然后"分而治之"。抽象是抽取出事物共同的本质特性而暂不考虑它的细节。软件工程过程中的每一步都可以看做是对软件解决方法的抽象层次的一次细化。抓住主要问题，忽略次要问题，集中精力先解决主要问题，这就是"抽象"。

逐步求精是把问题的求解过程分成若干步骤或阶段，每个步骤或阶段都比上一个步骤或阶段更精化，更接近问题的解法。逐步求精是与抽象紧密相关的概念，是一个由抽象到具体的过程。

自顶向下逐步求精是先设计顶层结构，再逐层向下设计。把整个系统看做一个模块，然后按功能将它分解成若干第一层模块，第一层模块又可以分解成更为简单一些的第二层模块，越下层的模块，其功能越具体、越简单。

### 4. 模块独立性

模块独立性指每个模块只完成系统要求的独立的子功能，并且与其他模块的联系最少且接口简单。

在实际开发工作中，由于各个模块属于同一个软件系统，它们之间必然存在着一些联系，因此模块的独立性是一个相对的概念。具有独立功能而且和其他模块之间相互作用少的模块称为独立性高的模块。

模块的独立性是设计软件系统的一个关键，其重要性主要体现在以下几个方面：

(1) 系统容易开发。由于模块之间接口简单，当许多人分工合作开发同一个软件时，可以简化合作者之间的协调工作，提高系统开发的效率。

(2) 系统可靠性高。模块之间的相互影响小，当一个模块出错时，由于模块之间的联系小，其他模块受到的错误波及也小，从而提高了系统的可靠性。

(3) 系统易于测试和维护。模块之间具有较高的独立性，相对说来，模块间的联系较少，当某模块发生错误时其错误传播范围较小，修改设计和修改程序需要的工作量也就比较小，这样系统测试和维护的工作量也就相对小一些。

模块的独立程度可以由两个定性标准衡量，即模块间的耦合性和模块的内聚性。耦合性衡量不同模块彼此间互相连接的紧密程度；内聚性衡量一个模块内部各个元素彼此结合的紧密程度。为保证模块的独立性，在进行物理模型设计时要遵循以下两条原则：

(1) 一个模块内部各个元素之间的联系越紧密越好，即要使模块具有较高的内聚性。

(2) 各个模块之间的信息联系要尽可能地减少，即模块的耦合性要尽可能的低。

模块独立性比较强的模块应是高内聚低耦合的模块。

耦合是对一个软件结构内各个模块之间相互关联的度量。模块间耦合的强弱取决于模块间接口的复杂程度、调用模块的方式以及通过模块间接口的信息。

### 5. 信息隐蔽

信息隐蔽是指在设计和确定模块时，使得一个模块内包含的信息(过程或数据)，对于不需要这些信息的其他模块来说，是不能直接访问的。通过信息隐蔽，可以定义和实施对模块的过程细节和局部数据结构的存取限制。

## 5.2.3　概要设计工具

软件概要设计的核心是软件结构的设计。软件结构设计的常用方法是结构化设计方法，该方法的核心是基于模块化、自顶向下逐步求精、结构化程序设计等技术的发展。

目前，描述软件结构的工具主要有：HIPO(Hierarrchy plus Input-Process-Output，层次加输入—处理—输出)图(简称 H 图)和模块结构图，它们能够反映整个系统的功能实现。

### 1. 使用 HIPO 图对库存/销售系统进行概要设计

这里我们以"库存/销售系统"为例，描述如何使用 HIPO 图进行概要设计。

1) 任务描述

假定库存/销售(或者称为盘存/销售)系统分为两部分：库存部分和销售部分。

库存/销售系统主要处理的任务有两个：准备库存/销售事务；处理库存/销售事务。图 5-4 给出了系统的工作流程图。

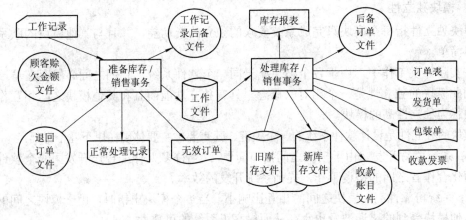

图 5-4　库存/销售系统的工作流程图

下面的任务是：根据图 5-4 所示的工作流程图画出库存/销售系统的 HIPO 图。

2) HIPO 图方法介绍

HIPO 图由四部分组成：层次图、图例、描述说明和 IPO 图(输入/处理/输出)，其中层次图(H 图)、图例、描述说明称为可视目录表，IPO 图描述各部分的工作细节。

(1) 层次图。层次图又称 H 图或者体系框图，它表明各个功能的隶属关系。层次图是自顶向下逐层分解得到的，是一个树形结构。它的顶层是整个系统的名称和系统的概括功能说明；第二层把系统的功能展开，分成了几个框；将第二层功能进一步分解，就得到了第三层、第四层……直到最后一层。每个框内都应有一个名字，用以标识它的功能。还应有一个编号，以记录它所在的层次及在该层次的位置。

(2) 图例。每一套 HIPO 图都应当有一个图例，即图形符号说明。附上图例，不管人们在什么时候阅读它都能对其符号的意义一目了然。

(3) 描述说明。它是对层次图中每个框的补充说明，在必须说明时才用，所以它是可选的。描述说明可以使用自然语言。

(4) IPO 图。IPO 图描述输入数据、对数据的处理和输出数据之间的关系。

IPO 图有固定的格式，图中处理操作部分总是列在中间，输入和输出部分分别在其左边和右边。由于某些细节很难在一张 IPO 图中表达清楚，常常把 IPO 图又分为两部分，简单概括地称为概要 IPO 图，细致具体一些的称为详细 IPO 图。

3) 任务实现

对于库存/销售系统，HIPO 图的设计方法如下：

(1) H 图的第一层是系统名称：库存/销售系统。

(2) H 图的第二层是库存系统和销售系统。

(3) 库存的第三层分为检查库存情况，记录库存情况，产生库存报表等。

(4) 销售的第三层分为计算销售记录、核对顾客赊欠金额等。

以上的分析结果如图 5-5 所示，其中，图(a)是系统的层次图，图(b)是后面 IPO 图的图例，图(c)是描述说明。

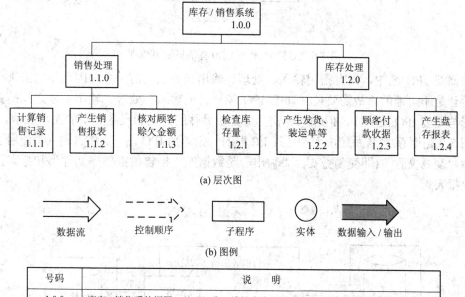

(a) 层次图

(b) 图例

| 号码 | 说　明 |
|---|---|
| 1.0.0 | 库存/销售系统框图：处理订货、维护库存文件、产生发货单、包装单、货运单、顾客付款收据、产生盘存与销售报表 |
| 1.1.0 | 顾客订单检查、核对顾客赊欠金额、产生销售报表 |
| 1.1.1 | 用工作文件的盘存项目号，对顾客订单进行核对和排序 |
| 1.1.2 | 以地区和人员为单位，编制销售报表，计算销售佣金 |
| 1.1.3 | 检验顾客赊欠金额，计算折扣，确定支付项目 |
| 1.2.0 | 处理库存管理报表，顾客付款收账，处理发货、包装、托运 |
| ⋮ | |

(c) 描述说明

图 5-5　库存/销售系统的可视目录表

图 5-6 是表示库存/销售系统第二层的对应于 H 图上的 1.1.0 框的概要 IPO 图。

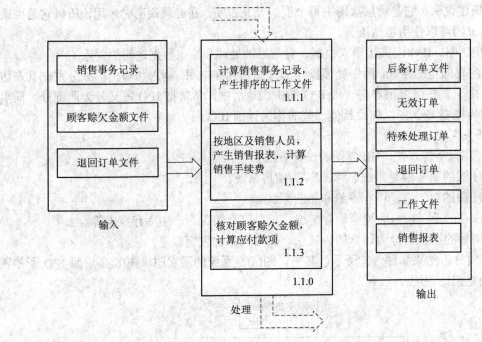

图 5-6  对应 H 图上 1.1.0 框的概要 IPO 图

在概要 IPO 图中，没有指明输入、处理、输出三者之间的关系，因此用它来进行下一步的设计是不可能的。故需要使用详细 IPO 图以指明输入、处理、输出三者之间的关系，其图形与概要 IPO 图一样，但输入、输出最好用具体的介质和设备类型的图形表示。

图 5-7 是库存/销售系统中对应于 1.1.2 框的一张详细 IPO 图。其中"输入"使用了介质数据库"交易文件"(即交易数据)，"输出"是数据库"销售数据排序文件"和打印报表的"销售报表"。

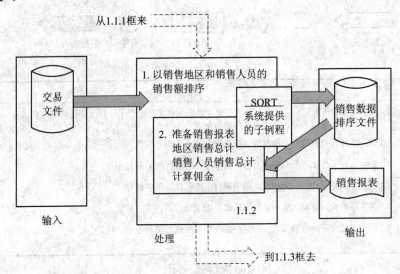

图 5-7  对应于 H 图 1.1.2 框的详细 IPO 图

**2. 设计采购/销售系统的模块结构图**

这里我们以"采购/销售系统"为例，描述如何进行模块设计。

1) 任务描述

假设某公司采购/销售系统的数据处理过程是：公司营业部对每天的顾客订货单形成一个订货单文件，它记录了订货项目的数量、货号、型号等详细数据。在这个文件的基础上对顾客订货情况进行分类统计、汇总等项处理操作。

下面的任务是：利用模块结构图的方法设计采购/销售系统的模块结构图。

2) 模块结构图的设计方法

模块结构图也称控制结构图，它表示了软件系统的层次分解关系、模块调用关系、模块之间数据流和控制信息流的传递关系，它是描述软件系统物理模型、进行概要设计的主要工具，也是软件文档的一部分。

模块结构图既能反映系统整体结构，又能反映系统的细节和它们之间的联系。通过模块结构图，将系统分解为若干个模块，这样可以由不同设计人员分别承担不同模块的设计和实施任务，便于管理与控制。

(1) 模块结构图的基本符号。绘制模块结构图的基本符号如表 5-1 所示。

表 5-1　模块结构图的基本符号

| 符　号 | 含　义　说　明 |
| --- | --- |
| ▭ | 表示一个功能模块，模块名称标注在方框的内部 |
| ▯▯▯ | 表示一个预先定义的模块，模块名称标注在方框的内部。预先定义模块是指不必再编程实现的模块，通常是应用程序库中的一个程序 |
| → | 表示模块与模块之间的调用关系，箭头部分指示被调用模块，箭尾部分指示调用模块 |
| ○→ | 表示模块与模块之间的数据流，数据项名称或编号标注在旁边 |
| ●→ | 表示模块与模块之间的控制流，控制变量的名称或编号标注在旁边 |
| ◇ | 表示一个模块内部包含有判定处理逻辑，根据判定结果确定调用哪些功能模块 |
| ↺ | 表示一个模块内部包含有循环调用某个或某些模块的功能 |

(2) 模块结构图的用途。模块结构图可以表示模块的调用关系。模块之间的调用关系主要有三种：直接调用、选择调用和循环调用。这与程序流程图中三种基本结构——顺序结构、选择结构和循环结构是对应的。图 5-8 给出了模块结构图的形式表示这三种结构。

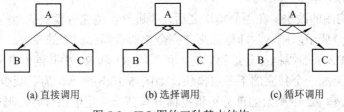

(a) 直接调用　　　　　　(b) 选择调用　　　　　　(c) 循环调用

图 5-8　IPO 图的三种基本结构

任何复杂的模块结构图都可以由这三种基本结构组合而成。

(3) 模块结构图中的模块类型。在模块结构图中,不能再分解的模块称为原子模块。如果一个软件系统的全部加工都是由原子模块来完成,而其他所有非原子模块仅仅执行控制或协调功能,这样的系统就是完全因子分解得最好的系统。实际上这只是我们要力图达到的目标,大多数系统都达不到完全因子分解。

一般地,在模块结构图中有以下四种类型的模块:

① 传入模块。传入模块从下属模块取得数据,经过某些处理,再将其传送给上级模块。变换型数据流程图的输入模块以及事务型数据流图中的接受事务模块均属于此类模块。

② 传出模块。传出模块从上级模块中获取数据,进行某些处理,再将其传送给下属模块。如变换型数据流图及事务型数据流图中的输出模块均属于此类模块。

③ 变换模块,也叫加工模块。它从上级模块取得数据,进行特定的处理,转换成其他形式,再传回上级模块。事务型数据流图中的调度模块就属于此类模块,如图 5-9(a)所示。

④ 协调模块。它是对所有的下属模块进行协调和管理的模块。在一个较好的模块结构图中,该模块应出现在较高层。变换型数据流图的总控模块以及事务型数据流图中的事务中心模块均属于此类模块,如图 5-9(b)所示。

在实际系统中,有些模块属于上述某一类型,还有一些是上述各种类型的组合。

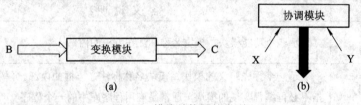

图 5-9　模块结构图的类型

(4) 模块间调用的规则有:

① 每个模块有自身的任务,只有接收到上级模块的调用命令时才能执行。

② 模块之间的通信只限于其直接上下级模块,任何模块不能直接与其他上下级模块或同级模块发生通信联系。

③ 若有某模块要与非直接上下级的其他模块发生通信联系,必须通过其上下级模块进行传递。

④ 模块调用顺序为自上而下。在模块结构图中,将一个系统分解为若干模块,即将一个比较抽象的、物理内容不大确定的任务,分解为若干个比较具体的、物理内容比较确定的任务。这些模块可以进一步分解,使下层模块的任务更加具体、确定,这个分解过程是一个由抽象到具体、由复杂到简单的过程。从逻辑上看,上层模块包括下层模块,下层模块功能是上层模块功能的一部分。

(5) 模块结构图的改进。在划分模块之后,要进一步地完善模块的功能,对于系统模块中重复的功能部分要予以删除,即删除那些完全相似或局部相似的模块。例如图 5-10(a)所示,模块 R1 和 R2 中虚线框部分是相似的,可以将 R1 和 R2 中共同部分从 R1 和 R2 中分离出去,重新定义成一个独立的下一层模块,如图 5-10(b)所示。为了减少控制的传递、接口的复杂性,R1 和 R2 中剩余的部分可根据情况与其上一层模块合并,形成图 5-10(c)和图 5-10(d)中所示的方案。

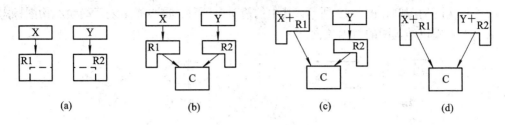

图 5-10 完善模块的功能

(6) 提高模块独立性。对模块结构进行分析，通过模块分解或模块合并，尽量降低模块之间的耦合以提高模块之间的内聚，从而对所设计的模块结构图进行优化。

(7) 合理确定模块结构的规模，尽可能减少模块的高扇出，增加高扇入。

模块的规模包括两个方面：模块结构的深度和模块结构的宽度。

深度表示模块结构中的层数，它往往能粗略地标志一个系统的大小和复杂程度。模块结构图一般不要超过 7 层。

宽度是模块结构图内同一个层次上的模块总数的最大值。一般来说，宽度越大，系统越复杂。对宽度影响最大的因素是模块的扇出。

模块的扇出是指一个模块直接调用的子模块数目。经验表明，扇出数应保持在合理的大小范围，一个设计得好的典型系统的平均扇出通常是 3 或 4(扇出的上限通常是 5 到 9)。扇出过大就应该适当增加中间层次的控制模块。扇出过小则可以将下级模块进一步划分成若干子功能模块，或者合并到它的上级模块中去。

模块的扇入是指直接调用该模块的上级模块的数目。扇入越大则共享该模块的上级模块数目越多。如果一个模块的扇入数过大，例如超过 8，而这个模块又不是公用模块，说明该模块包含多个功能，这时应对它进行功能分解。

如图 5-11 所示，M 的扇出数目是 3，Y 的扇入数目是 3。

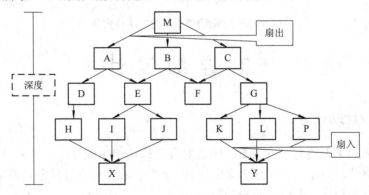

图 5-11 扇入/扇出示例

经验表明，上层扇出比较高，中层扇出较少，底层为高扇入公用模块的软件模块结构是设计较好的结构。

(8) 模块大小应该适中。模块的大小可用模块中所含语句的数量多少来衡量。一个模块所含语句不应过多，过多时，会影响模块程序的可理解性。在保证模块的独立性的前提下，通常模块中语句行数应在 50～100 范围内。

以上这些准则对改进设计，提高软件质量有着重要的参考价值。

模块结构图的图例如图 5-12 所示。其中的箭头有两种：实心箭尾表示模块结构图标志，空心箭尾表示模块结构图的数据流向。

(a) 模块　　(b) 数据　　(c) 调用　　(d) 循环调用　　(e) 判断分支

图 5-12　模块结构图的 5 个图例

3) 任务实现

根据以上模块结构图的设计方法，所设计的采购/销售系统的模块结构图如图 5-13 所示。

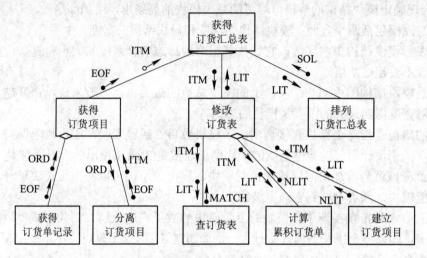

ORD—订货单；ITM—订货项目；LIT—订货表；NLIT—修改后的订货表；
SOL—订货汇总表；EOF—文件结束标志；MATCH—匹配

图 5-13　采购/销售系统的模块结构图

# 5.3　详　细　设　计

## 5.3.1　详细设计的任务

详细设计阶段主要进行程序设计，即确定各个模块的实现算法，并采用一定的工具精确地描述这些算法，为编写程序代码提供依据。此外，在详细设计阶段还要完成代码设计、数据库设计、界面设计、网络结构设计等任务。

详细设计是软件设计的第二阶段，其基本任务如下：

(1) 为每个模块进行详细的算法设计。选择适当的工具，并详细描述算法的过程。

(2) 确定每个模块使用的数据结构。

(3) 功能模块的详细设计。

(4) 其他设计：根据软件系统类型，还要进行用户界面设计、输入/输出格式设计以及外部接口设计和内部接口设计。

(5) 编写详细设计说明书并进行评审。

## 5.3.2 详细设计的原则

详细设计应遵循以下原则：

(1) 模块的逻辑描述要清晰易读、正确可靠。

(2) 采用结构化设计方法，改善控制结构，降低程序的复杂程度，从而提高程序的可读性、可测试性、可维护性。

(3) 选择恰当的描述工具来描述各模块算法。描述工具包括：程序流程图、N-S 图(方块图)、PAD(Problem Analysis Diagram，问题分析图)和 PDL(Process Design Language，过程设计语言)等。

(4) 职能划分功能化，如企业组织架构，企业部门职能的组成要素描述，部门层次结构，部门职能划分，员工职务职能划分，职务职能的组成要素等。

(5) 功能划分流程化，如功能需求描述(业务、系统)，功能需求的整理与组合，功能间的耦合关系，功能的组成要素，功能的拆分描述与实现等。

(6) 流程划分单据化，如现实业务单据收集，单据的整理与组合，单据在功能实现流程中不同时期的状态变化，单据的拆分描述与实现(数据源/数据流向/数据处理动作)等。

(7) 单据划分表格化，如单据内容的拆分与整合等。

(8) 表格划分原子化，如表格的字段设计(数据类型、值域、属性表)，表格主键外键和约束的设计，表格索引的设计，表格对不同角色用户的权限分配，视图的设计等。

## 5.3.3 详细设计的工具

详细描述处理过程常用三种工具：图形、表格和语言。

图形工具：如结构化程序流程图、方块图和问题分析图(PAD)。IPO 图也是详细设计的主要工具之一。

表格工具：如判定表可作为详细设计中描述逻辑条件复杂的算法。

过程设计语言(PDL)：是一种用于描述模块算法设计和处理细节的语言工具。

### 1. 程序流程图

1) 任务描述

画出下面描述的流程图：

判定 2000～2500 年中的哪一年是闰年，将结果输出。

2) 任务分析

闰年的条件是：能被 4 整除，但不能被 100 整除的年份是闰年，或者能被 100 整除，又能被 400 整除的年份是闰年。

对于输入的年份，使用上面的条件做除法，求结果的余数是否为零，为零说明能够整除，不为零说明不能整除。

另外，对于 2000～2500 年中的每个年份可以使用循环语句来控制。

3) 任务实现

下面首先介绍程序流程图的画法。

在程序流程图中只能使用三种控制结构：顺序结构、选择结构和循环结构，任何复杂的程序流程图都是由这三种基本的控制结构组成的。

下面分别用图示对这三种结构加以说明，其中，P 表示判断，A 表示处理加工，Y 表示判断条件成立，N 表示条件不成立。

(1) 顺序结构。顺序结构是由几个连续的加工步骤依次排列构成，如图 5-14 所示。

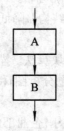

图 5-14　顺序结构

(2) 选择结构。选择型结构有两类，一类由某个逻辑判断式的取值决定选择两个加工中的一个，如图 5-15(a)所示；一类是列举多种加工情况，根据控制变量的取值，选择执行其一，如图 5-15(b)所示。

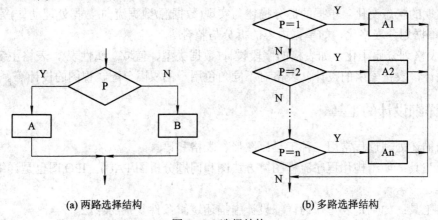

(a) 两路选择结构　　　　　　　　(b) 多路选择结构

图 5-15　选择结构

(3) 循环结构。循环型结构中有两类，一类是当型循环结构，先判定循环条件，当循环控制条件成立时，重复执行特定的加工，如 5-16(a)所示；另一类是直到型循环结构，先执行某些特定的加工，后判定循环条件，直到控制条件成立为止，如图 5-16(b)所示。

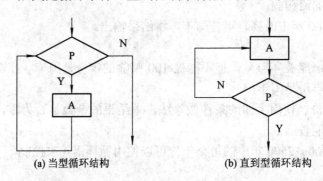

(a) 当型循环结构　　　　　　　　(b) 直到型循环结构

图 5-16　循环结构

依据前面的任务分析，可画出如图 5-17 所示的程序流程图。

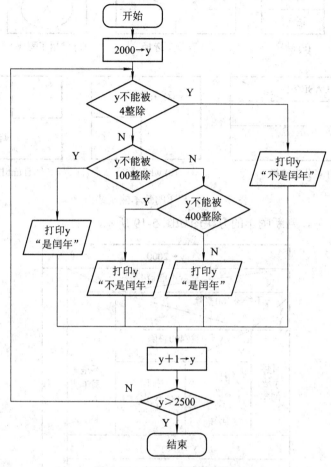

图 5-17 完整的程序流程图

### 4) 任务总结

虽然程序流程图可以清晰完整地描述系统处理的算法。但是流程图也具有以下缺点：

(1) 流程图本质上不是逐步求精的好工具，它诱使程序员过早地考虑程序的控制流程，而不去考虑程序的全局结构。

(2) 流程图中用箭头代表控制流容易使程序员不受任何约束，完全不顾结构程序设计的思想，随意转移控制。

(3) 流程图不易表示数据结构。

### 2. 方块图(N-S 图)

#### 1) 任务描述

同上面判断闰年的例子，我们利用方块图(N-S 图)画出其处理过程。

#### 2) 方法步骤

首先我们介绍一下方块图的画法。

方块图是由 Nassi 和 Shneiderman 提出的一种符合结构化程序设计原则的图形描述工具，又称之为盒图。在方块图中有 6 种基本控制结构，如图 5-18 所示。

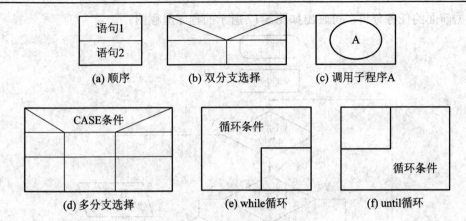

(a) 顺序　　　　　　(b) 双分支选择　　　　　(c) 调用子程序A

(d) 多分支选择　　　　　(e) while循环　　　　　(f) until循环

图 5-18　N-S 图的基本控制结构

对于前面的任务，判断闰年的方块图如图 5-19 所示。

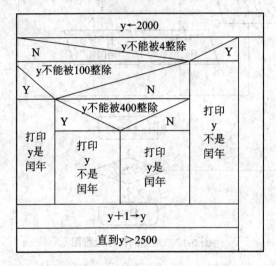

图 5-19　计算闰年的方块图

3) 任务总结

方块图具有以下特点：

(1) 每一个特定控制结构的作用域很明确，能够清晰辨别。

(2) 绘制时需遵守结构化程序设计的要求，不能任意转移控制。

(3) 很容易确定局部和全局数据的作用域。

(4) 很容易表明嵌套关系，也可以表示模块的层次结构。

### 3. PAD 图

1) 任务描述

使用判断闰年的例子，画出 PAD 图。

2) 方法步骤

首先介绍 PAD 图的画法。

PAD 图是日本人二村良彦等提出的算法图形表示法，它用二维树形结构的图来表示程序的控制流，是一种用结构化程序设计思想表现程序逻辑结构的图形工具。其所表达的程序结构清晰、结构化程度高，比流程图更容易阅读。另外，PAD 图是树形结构，比流程图更适于在计算机上处理。

PAD 图设置了五种控制结构：顺序结构、双分支选择结构、while 循环结构、until 循环结构和多分支选择结构。如图 5-20 所示。

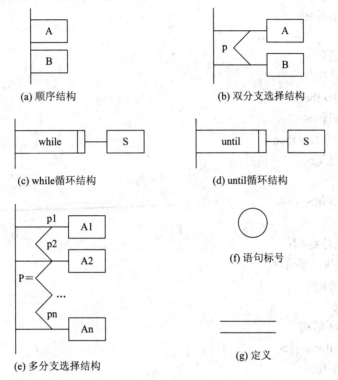

(a) 顺序结构　　　　　　　　　(b) 双分支选择结构

(c) while循环结构　　　　　　　(d) until循环结构

(e) 多分支选择结构　　　　　　(f) 语句标号

(g) 定义

图 5-20　PAD 图的基本控制结构

判断闰年的 PAD 图如图 5-21 所示。

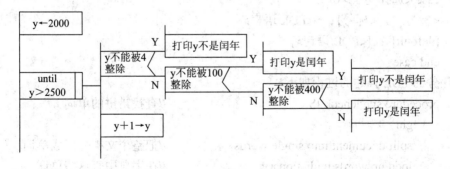

图 5-21　判断闰年的 PAD 图

## 4. PDL 程序

### 1) 任务描述

在一个文档中查找错拼的单词的步骤是：首先把整个文档分离成单词，然后在字典中查这些单词，如果在字典中查不到，则显示该单词并加入到字典中。

写出以上描述所对应的 PDL 伪码程序。

2) 方法步骤

PDL 有四种基本处理结构：顺序结构、分支结构、选择型结构和循环结构(包括 while 循环结构和 until 循环结构)。

(1) 顺序结构：

  <PDL 语句>

  ……

  <PDL 语句>

(2) 选择型结构：

  if <条件> then

  <PDL 语句>

  else if <条件> then

  <PDL 语句>

  else

  <PDL 语句>

  end if

(3) while 循环结构：

  loop while <条件>

  <PDL 语句>

  end loop

(4) until 循环结构：

  loop until <条件>

  <PDL 语句>

  end loop

(5) 分支结构：

  case <选择句子> of

  <标号>{，<标号>：><PDL 语言>

  [defoult] ：[<PDL 语句>]

  end case

本任务的 PDL 描述的过程如下：

```
procedure spellcheck IS                    //查找错拼的单词
    begin
        split document into single words   //把整个文档分离成单词
        lood up words in dictionary        //在字典中查这些单词
        display words which are not in dictionary   //显示字典中查不到的单词
        put the words into dictionary      //加入到字典中
    end spellcheck
```

首先把整个文档分离成单词，然后在字典中查这些单词，如果在字典中查不到，则显示这些单词并将它们加入到字典中。

3) 任务总结

PDL 是一种混合语言，它使用自然语言(如英语)词汇，同时使用另一种结构化的程序设计语言(如 C 语言)的语法。

PDL 程序的主要特征如下：

(1) 用 PDL 写出的程序具有正文格式，在计算机上可做正文处理。

(2) PDL 程序中有一些能够标明程序结构的关键字。

(3) PDL 语言仅有少量的简单语法规则，大量使用人们习惯的自然语言。

(4) 使用 PDL 语言常常按逐步细化的方式写出程序。

(5) PDL 程序的注释行对语句进行解释，起到提高可读性的作用。

(6) 它提供了结构化控制结构、数据说明，具有模块化的特点。

(7) 有自然语言的语法。

(8) 用模拟英语的口气描述每一个特定操作。

(9) 避免使用最终的程序语句。PDL 就是为了让程序员在一个比较高的层次上思考，如果 PDL 太底层，那就失去了 PDL 的好处。

(10) 在设计意向这一层次上写 PDL 描述方法的意义，而不是描述如何实现。

(11) PDL 非常适合描述算法，当写好 PDL 之后，就可以根据它来编码，而 PDL 则成为程序语言的注释。这可以省去大量的注释工作。如果遵循了这一指导方针，那么注释将是非常完备而且富有意义的。

# 5.4　文档书写

## 5.4.1　《概要设计说明书》的书写格式

下面给出概要设计说明书的主要内容及结构，以供参考。

---

1　引言

2　编写目的

阐明编写概要设计说明书的目的，指明读者对象。

3　项目背景

项目背景包括：

➢ 项目的委托单位、开发单位和主管部门；

➢ 该软件系统与其他系统的关系。

4　任务概述

5　定义

列出本文档中用到的专门术语的定义和缩写词的原义。

6　运行环境

7　需求概述

➢ 系统目标；

➢ 系统设计原则；

> 功能需求描述;
> 性能需求描述。

8　条件与限制

9　模块设计

> 系统功能设计;
> 模块划分;
> 模块之间的调用关系。

10　接口设计

> 外部接口:包括用户界面、软件接口与硬件接口;
> 内部接口:各模块之间的接口。

11　数据结构设计

> 概念设计;
> 逻辑结构的设计;
> 物理结构的设计。

12　运行设计

> 运行模块的组合;
> 运行控制。

13　异常处理设计

> 异常输出信息;
> 异常处理对策,如设置后备、性能降级、恢复及再启动等。

14　系统维护设计

系统维护设计说明为了系统维护的方便而在程序设计中作出的安排,包括在程序中专门安排用于系统检查与维护的检测点和专用模块。

15　参考资料

列出有关资料的作者、标题、编号、发表日期、出版单位或资料来源。可包括:

> 项目经核准的计划任务书、合同或上级机关的批文;
> 项目总体计划;
> 需求分析说明书;
> 测试计划书(初稿);
> 用户使用手册(初稿);
> 文档所引用的资料、采用的标准和规范。

## 5.4.2　《详细设计说明书》的书写格式

下面给出《详细设计说明书》的格式,以供参考。

1　引言

2　编写目的

阐明编写详细设计说明书的目的,指明读者对象。

3  项目背景与需求概述

项目背景应包括项目来源和主管部门等；简要描述需求的主要功能要求等。

4  定义

列出文档中用到的专门术语的定义和缩写词的原义。

5  参考资料

列出有关资料的作者、标题、编号、发表日期、出版单位或资料来源。

6  软件结构设计

给出软件系统的结构图。

7  模块详细设计

对于每个模块应给出以下说明：

(1) 功能；

(2) 性能；

(3) 输入项；

(4) 输出项；

(5) 算法：模块所选用的算法；

(6) 程序逻辑描述；

(7) 程序流程图。

8  接口详细设计

9  模块目录结构描述

把模块按照某种结构进行分类存储，以便于软件的配置管理。

10  控制层设计

11  表示层设计

给出界面事件、界面的输入/输出和事件处理。

12  限制条件

13  测试要点

给出测试模块的主要测试要求。

14  尚未解决的问题

# 本 章 小 结

本章介绍了概要设计和详细设计的任务、原则和内容。

结构化设计方法的设计原则是：使每个模块执行一个功能(坚持功能性内聚)，每个模块用过程语句(或函数方式等)调用其他模块，模块间传送的参数作数据用，模块间共用的信息(如参数等)尽量少。

概要设计是在系统分析的基础上进行的，这个阶段的主要任务是：采用正确的方法确定系统在计算机内的程序模块；确定模块间的系统结构；使用一定的工具将所设计的结果表达出来；编写概要设计说明书。

详细设计阶段的主要任务是在概要设计的基础上对编写软件程序所采用算法的逻辑关系进行分析，设计出全部必要的过程细节，并给予清晰的表达，使之成为编码的依据。具体内容包括：代码设计、数据库设计、界面设计、网络设计、处理过程设计。

此外本章还给出了详细设计说明书的编写格式与内容。

# 习　题

## 一、选择题

1. 对一个模块处理过程的分解，以下正确的说法是(　　)。

A. 用循环方式对过程进行分解，确定各个部分的执行顺序

B. 用选择方式对过程进行分解，确定各个部分的执行条件

C. 用顺序方式对过程进行分解，确定某个部分进行重复的开始和结束条件

D. 对处理过程仍然模糊的部分反复使用循环方式对过程进行分解

2. 下列叙述正确的是(　　)。

A. N-S 图可以用于系统设计

B. PDL 语言可以用于运行

C. PAD 图表达软件的过程呈树形结构

D. 结构化程序设计强调效率第一

3. 程序流程图是一种传统的程序设计表示工具，有其优点和缺点，使用该工具时应该注意(　　)。

A. 考虑控制流程　　　　　　　B. 考虑信息隐蔽

C. 遵守结构化设计原则　　　　D. 支持逐步求精

4. 可行性研究后得出的结论主要与(　　)有关。

A. 软件系统目标　　B. 软件的效率　　C. 软件的性能　　D. 软件的质量

5. 结构设计是一种应用最广泛的系统设计方法，是以(　　)为基础、自顶向下、逐步求精和模块化的过程。

A. 数据流　　　　　　B. 数据流图　　　　C. 数据库　　　　D. 数据结构

6. 概要设计的结果是提供一份(　　)。

A. 模块说明书　　　B. 框图　　　　　　C. 程序　　　　　D. 数据结构

7. 结构化程序设计主要强调程序的(　　)。

A. 效率　　　　　　　B. 速度　　　　　　C. 可读性　　　　D. 大小

8. 在软件生命期中，(　　)阶段所需工作量最大，约占70%。

A. 分析　　　　　　B. 设计　　　　　C. 编码　　　　D. 测试　　　E. 维护

9. 软件设计阶段可划分为 ① 设计阶段和 ② 设计阶段，用结构化设计方法的最终目的是使 ③ ，用于表示模块间调用关系的图叫 ④ 。

①② 　　A. 逻辑　　　　　　B. 程序　　　　　　C. 特殊

　　　　D. 详细　　　　　　E. 物理　　　　　　F. 概要

③ 　　A. 块间联系大，块内联系大　　　　　B. 块间联系大，块内联系小

        C. 块间联系小，块内联系大       D. 块间联系小，块内联系小

④      A. PAD       B. HCP       C. SC

        D. SADT      E. HIPO      F. N-S

10. 在下列关于模块化设计的叙述中，(　　)是正确的。

A. 程序设计比较方便，但比较难以维护

B. 便于由多个人分工编制大型程序

C. 软件的功能便于扩充

D. 程序易理解，也便于排错

E. 在主存储器能容纳的前提下，使模块尽可能大，以便减小模块的个数

F. 模块之间的接口叫做数据文件

G. 只要模块之间的接口关系不变，由模块内部实现细节

H. 模块间的单向调用关系叫做模块的层次结构

I. 模块越小，模块化的优点越明显，一般来讲，模块的大小都在 10 行以下

J. 一个模块实际上就是一个进程

11. 结构化分析(简称 SA)是软件开发需求分析阶段所使用的方法，(　　)不是 SA 所使用的工具。

A. DFD 图      B. PAD 图      C. PDL 语言      D. 判定表

12. 结构化分析方法以数据流图、(　　)和加工说明等描述工具，即用直观的图和简洁的语言来描述软件系统模型。

A. DFD 图      B. PAD 图      C. IPO 图      D. 数据字典

13. 在软件的设计阶段应提供的文档是(　　)。

A. 软件需求规格说明书      B. 概要设计规格说明书和详细设计规格说明书

C. 数据字典及数据流图      D. 源程序以及源程序的说明书

**二、问答题**

1. 阐述结构化设计的主要思想。

2. 什么是模块独立性？

3. 软件概要设计阶段的基本任务是什么？

4. 简述结构化设计方法的优缺点。

5. 软件设计的基本原理包括哪些内容？

6. 详细设计的基本任务是什么？有哪几种描述方法？

7. 详细设计的过程中应遵循的原则是什么？

**三、填空题**

1. 结构化程序设计技术指导人们用良好的思想方法开发易_____、易_____的程序。

2. 处理过程设计中采用的典型方法是_____，简称_____方法。

3. 在详细设计阶段，为了提高数据的输入、存储、检索等操作的效率并节约存储空间，对某些数据项的值要进行_____设计。

**四、实训题**

1. 用 PAD 图描述下面问题的控制结构。有一个数据序列：A(1)，A(2)，…，A(N)，按

递增顺序排列。给定一个键值 K，用折半法查找这个键值 K。若找到 K，将这个 K 所在序列的位置 i 送入 X，否则将零送到 X，同时将 K 值插入序列相应的位置。

算法：

把这个序列看成一个线性表。

① 置初值 H = 1(表头)，T = N(表尾)。

② 置 i = [(H + T)/2](取整)。

③ 若 K = A(i)，则找到，i 送到 X；

若 K > A(i)，则 K 一定在表的后半部分，i + 1 送入 H。

若 K < A(i)，则 K 一定在表的前半部分，i − 1 送 T，重复第 2 步查找，直到 H>T 为止。

④ 若查不到，将 A(i)，…，A(N)移到 A(i + 1)，…，A(N + 1)，K 值送入 A(i)中。

2. 请使用流程图、PAD 图和 PDL 语言描述下列程序的算法。

(1) 键盘输入 10 个数据，求最大数和次大数。

(2) 输入三个正整数作为边长，判断该三条边构成的三角形是等边、等腰或一般三角形。

3. 对于下面应用系统：某教学系教学管理系统、某单位人事管理系统、某医院药品库存信息管理系统。完成如下任务：

(1) 给出该实例的需求规划。

(2) 根据需求和信息流进行分析，先局部、后整体地描述出业务数据流图 DFD。

(3) 描述出重要的数据字典。

4. 阅读以下有关信息系统需求分析的叙述，回答问题(1)~(4)。

需求分析的任务是通过详细调查现实世界要处理的对象(组织、部门、企业等)，充分了解原系统(手工系统或计算机系统)工作概况，明确用户的各种需求，然后在此基础上确定新系统的功能，新系统必须充分考虑今后可能的扩充和改变，不能仅仅按当前应用需求来设计数据库。

(1) 对于一般的信息系统，需求分析的重点是什么？

(2) 为什么说确定用户的最终需求是一件极其困难的事，结合自己的项目经验，谈谈确定需求的具体难点，你又是如何解决这些困难的？

(3) 结合自己的项目经验，在做用户需求调查时常用的调查方法有哪些？

(4) 需求分析需要完成哪些工作？

# 第 6 章　面向对象的 UML 设计

## 6.1　传统的开发方法

传统的软件开发方法曾经给软件产业带来巨大进步，在一定程度上缓解了软件危机。但随着人们对软件产品需求的日益增加，软件产品越来越不能满足人们的需要，原因是传统的软件开发方法存在一定的问题。这些问题主要表现为如下四个方面：

(1) 软件生产效率仍然不高；

(2) 软件重用率很低；

(3) 软件的维护费用昂贵；

(4) 生产出的软件产品往往不能满足用户需求。

出现上述问题最根本的原因在于软件的结构化设计方法。用结构化方法开发的软件，其可重用性、可维护性、稳定性都较差。

结构化方法的本质是功能分解，它从系统整体功能入手，自顶向下不断把复杂的功能进行分解，一层一层地分解下去，直到每个功能都相对简单时，再用相应的工具描述实现这些简单的功能。显然这种方法是围绕实现处理功能的"过程"来构造系统的。然而用户需求的变化大部分是功能性变化，因此用户需求的变化往往造成系统结构的较大变化，而这种变化对基于过程的设计是灾难性的，用这种方法设计出的系统结构常常是不稳定的。

为了克服这种传统软件开发方法的缺点，人们提出了面向对象的软件开发方法。

## 6.2　面向对象的开发方法

面向对象的思想方法比较自然，接近于人的思维方式。它把客观世界中的事物映射成对象，把事物间的联系映射成消息，以此模拟客观世界。

面向对象的方法把对象分为属性和操作。然后再把属性相同的对象抽象为类，将类划分为层次结构，子类可继承父类的属性和操作，这就是面向对象方法学的基本思想。

例如：客观世界中的松树、柳树、苹果树、老虎、大象、狐狸、男人、女人、医生、教师、飞机、火箭、卫星等都可以映射为对象。

这些对象中属性相同的分别是：

(1) 松树、柳树、苹果树；

(2) 老虎、大象、狐狸；

(3) 男人、女人、医生、教师；

(4) 飞机、火箭、卫星。

我们把属性相同的对象抽象为类。上述内容中的(1)可以抽象为植物类；(2)可以抽象为动物类；(3)可以抽象为人类；(4)可以抽象为飞行类。其中植物类的属性有：植物类型、植物名称、产地等。动物类的属性有：动物类型、动物名称、习性、颜色、体重等。人类的属性有：姓名、性别、身高等。飞行类的属性有：飞行高度、颜色等。

在动物类中，老虎也可以再进一步划分为华南虎、东北虎等。所以老虎是动物类的子类，它可以继承动物类的所有的属性和操作。

面向对象的方法可以用下列式子来概括：

$$面向对象 = 对象 + 类 + 继承 + 多态性 + 消息传递$$

也就是说，面向对象就是使用对象、类和继承等机制，对象之间只能通过传递消息实现彼此通信。

面向对象方法的主要优点是：

(1) 与人类习惯的思维方式一致。

(2) 稳定性好。由于现实世界中的实体是稳定的，以对象为中心构造的软件系统也是比较稳定的。

(3) 把数据和操作封装到对象之中。

(4) 应用程序具有较好的可重用、易改进、易维护和易扩充性。

面向对象方法和结构化设计方法的比较见表 6-1。

**表 6-1    面向对象方法和结构化设计方法的比较**

| 项　目 | 面　向　对　象 | 结　构　化　设　计 |
|---|---|---|
| 基本思想 | 自底向上设计库类 | 自顶向下设计过程库，逐步求精，分而治之 |
| 概念或名词术语 | 对象、类、消息、继承等 | 过程、函数、数据等 |
| 编程语言 | C++、VB、Java 等 | C、Basic、Fortran 等 |
| 逻辑工具 | 对象模型图、数据字典动态模型图、功能模型图 | 数据流图、系统结构图、数据字典状态转移图、实体关系图 |
| 处理问题的出发点 | 面向问题 | 面向过程 |
| 控制程序方式 | 通过"事件驱动"来激活和运行程序 | 通过设计调用或返回程序 |
| 可扩展性 | 只需修改或增加操作，而基本对象结构不变，扩展性好 | 功能变化会危及整个系统，扩展性差 |
| 重用性 | 好 | 不好 |
| 层次结构的逻辑关系 | 用类的层次结构来体现类之间的继承和发展 | 用模块的层次结构概括模块和模块之间的关系和功能 |
| 分析、设计、编码的转换方式 | 平滑过程，无缝连接 | 按规则转换，有缝连接 |
| 运行效率 | 相对较低 | 相对较高 |

# 6.3    UML 建模语言介绍

建模是对现实的抽象和简化。建模的思维方式是软件工程常用的方式，它把现实世界抽象为一种人们可以理解的模型，进而转化为软件可以处理的逻辑模型。模型能够帮助我们按照人的思维模式对系统进行分析，并允许我们详细说明系统的结构和行为，从而把对系统的决策进行文档化。

自 20 世纪 80 年代末以来，随着面向对象技术成为研究的热点，出现了几十种支持软件开发的面向对象方法，例如：Booch 方法(创始人是 Jim Rumbaugh)、Coad/Yourdon 方法(创始人是 Ivar Jacobson)、OMT 方法(即对象建模技术，创始人是 Grady Booch)和 Jacobson 方法。这几种方法都有自己的价值和特点。OMT 方法在系统分析方面比较强，但是在设计方面比较弱。Booch 方法在设计方面很好，但是在分析方面比较弱。Jacobson 方法在行为分析方面很好，但是在其他方面比较弱。

最终，综合上述方法制定出了面向对象方法的标准，并在面向对象软件开发界得到了广泛的认可。而本章介绍的统一建模语言 UML(Unified Modeling Language)结合了 Booch 方法、OMT 方法和 Jacobson 方法的优点，统一了符号体系，并从其他的方法和工程实践中吸收了许多经过实际检验的概念和技术。

UML 语言包括 UML 语义和 UML 表示法两个部分。

(1) UML 语义。UML 是一种面向对象的建模语言，它的主要作用是帮助用户以面向对象的形式对软件系统进行描述和建模(建模的最终目的是将用户的业务需求映射为代码，并保证代码满足这些需求)，它可以完整地描述需求分析、软件实现和测试的软件开发全过程。

(2) UML 表示法。UML 表示法主要定义 UML 的符号语法，为开发者或开发工具使用这些图形符号和文本语法进行系统建模提供标准。

### 1. UML 的建模机制

UML 有两种建模机制：静态建模机制和动态建模机制。"静可描形，动可描行"，动和静是系统辩证的两个方面，在 UML 中，静态建模可以描述系统的组织和结构，而动态建模则可描述系统的行为和动作。

静态建模机制使用例图、类图、对象图、包图、组件图和部署图等来描述系统。这些图称为静态视图。

动态建模机制使用状态图、时序图、协作图和活动图等来描述系统。这些图称为动态视图。

### 2. UML 的结构

UML 的结构包括以下几项：

(1) UML 的基本构造元素是包括：事物、关系和图。

(2) UML 的事物有四种，包括：结构事物、行为事物、分组事物和注释事物。

(3) UML 的关系有四种，包括：依赖、关联、泛化、实现。

(4) UML 的图有 10 种，包括：用例图、类图、对象图、包图、状态图、活动图、序列图、协作图、组件图、部署图(有时称实施图)。

### 3. UML 中的事物

UML 中的事物包括结构事物、行为事物、组织事物和辅助事物(也称注释事物)。

1) 结构事物

结构事物主要包括七种，分别是类、接口、协作、用例、活动类、组件和节点。类是具有相同属性、相同方法、相同语义和相同关系的一组对象的集合。接口是指类或组件所提供的、可以完成特定功能的一组操作的集合，换句话说，接口描述了类或组件对外可见的动作。协作定义了交互的操作，使一些角色和其他元素一起工作，提供了一些合作的动作。用例定义了系统执行的一组操作，对特定的用户产生可以观察的结果。活动类是对拥有线程并可发起控制活动的对象(往往称为主动对象)的抽象。组件是物理上可替换的，实现了一个或多个接口的系统元素。节点是一个物理元素，它在运行时存在，代表一个可计算的资源，如一台数据库服务器等。

2) 行为事物

行为事物主要有两种：交互和状态机。在 UML 图中，交互的消息通常画成带箭头的直线。状态机是对象的一个或多个状态的集合。

3) 组织事物

组织事物是 UML 模型中负责分组的部分，可以把它看做一个个盒子，每个盒子里面的对象关系相对复杂，而盒子与盒子之间的关系相对简单。

组织事物只有一种，称为包。包是一种有组织地将一系列元素分组的机制。

4) 辅助事物

辅助事物也称注释事物，属于这一类的只有注释。注释即是 UML 模型的解释部分。在 UML 图中，一般表示为折起一角的矩形。

**4. UML 中的关系及其符号**

UML 类有四种关系：关联、依赖、泛化、实现。

1) 关联关系

关联关系表示不同类的对象之间的结构关系，它在一段时间内将多个类的实例连接在一起。关联关系是 "... has a ..." (具有)的关系。在 UML 图中，关联关系用一条实线表示。关联关系的属性有：关联关系的名字、关联关系的角色、关联关系的重数。

(1) 名字：可以给关系取名字，如图 6-1 所示。

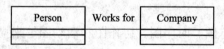

图 6-1　关联关系的名字

(2) 角色：关系的两端代表不同的两种角色，如图 6-2 所示。

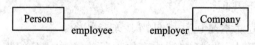

图 6-2　关联关系的角色

(3) 重数：表示有多少对象通过一个关系的实例相连，如图 6-3 所示。

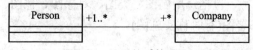

图 6-3　关联关系的重数

聚合关系和组合关系是一种特殊的关联关系。

① 聚合关系。聚合关系指的是整体与部分的关系。通常在定义一个整体类后，再去分析这个整体类的组成结构，从而找出一些组成类，该整体类和组成类之间就形成了聚合关系。

例如一个航母编队包括航空母舰、驱护舰艇、舰载飞机及核动力攻击潜艇等。在需求描述中经常出现如下词语："包含""组成""分为…部分"等词，这些词语常意味着聚合关系，如图 6-4 所示。

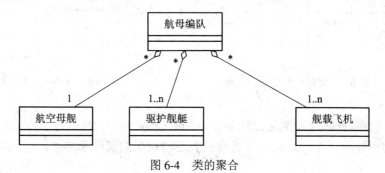

图 6-4　类的聚合

用英语描述，聚合是"… owns a …"(拥有)的关系。它的 UML 表示法是：空心菱形 + 实线 + 箭头，如图 6-5 所示。

② 组合关系。组合关系也表示类之间整体和部分的关系，但是组合关系中部分和整体具有统一的生存期。一旦整体对象不存在，部分对象也将不存在。部分对象与整体对象之间具有共生死的关系。

用英语描述，组合关系是"… is a part of …"(是……的一部分)的关系。它的 UML 表示法是：实心菱形 + 实线 + 箭头，如图 6-6 所示。

图 6-5　聚合的 UML 表示法　　　　　图 6-6　组合关系的 UML 表示法

聚合和组合的区别在于：

① 聚合关系是"has-a"关系，组合关系是"contains-a"关系。

② 聚合关系表示整体与部分的关系，没有组合关系强。

③ 聚合关系中代表部分的对象与代表聚合的对象的生存期无关，删除聚合对象不代表删除部分对象。组合中一旦删除了组合对象，同时也就删除了部分对象。

下面我们用浅显的例子来说明聚合和组合的区别。"国破家亡"，国灭了，家自然也没有了，"国"和"家"显然是组合关系。

而相反的，计算机主机和它的外设之间就是聚合关系，因为它们之间的关系相对松散，计算机主机没了，外设还可以独立存在，还可以接在别的计算机上。

④ 在聚合关系中，部分可以独立于聚合而存在，部分的所有权也可以由几个聚合来共享，比如打印机就可以在办公室内被广大同事共用。

⑤ 在组合关系中，组合者和被组合者对于组合的定义有一定约束，组合者要熟悉被组合者的生命周期。

2) 依赖关系

对于两个对象 X、Y，如果对象 X 发生变化，可能会引起对另一个对象 Y 的变化，则称 Y 依赖于 X。依赖关系是一种"… uses a …"(使用)关系。在 UML 图中，依赖关系用一条带有箭头的虚线来表示。

电影片和频道的关系是一种依赖关系，电影片必须通过频道才能播放，如图 6-7 所示。

例如，人和空气是一种依赖关系，其 UML 图如图 6-8 所示。

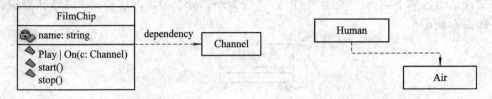

图 6-7   电影片和频道的关系          图 6-8   人和空气的依赖关系

3) 泛化关系

泛化是一般事物(称为超类或父类)和该事物的较为特殊的类(称为子类)之间的关系。子类继承父类的属性和操作，除此之外通常子类还添加新的属性和操作，或者修改了父类的某些操作。

例如，图 6-9 中，教师(Teacher)、学生(Student)和来宾(Guest)都继承了人(Person)这个"类"，所以 Teacher 和 Person、Student 和 Person、Guest 和 Person 是泛化关系。其中，Person 是基类，Teacher、Student、Guest 是子类。

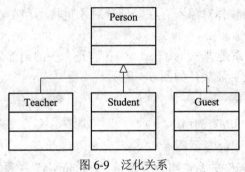

图 6-9   泛化关系

在图 6-9 中，空心的三角表示继承关系(类继承)，在 UML 的术语中，这种关系被称为泛化。

若在逻辑上 B 是 A 的"一种"，并且 A 的所有功能和属性对 B 而言都有意义，则允许 B 继承 A 的功能和属性。

例如，教师是人，Teacher 是 Person 的"一种"(用英语讲的是"a kind of")。那么类 Teacher 可以从类 Person 派生(继承)。

如果 A 是基类，B 是 A 的派生类，那么 B 将继承 A 的数据和操作。

4) 实现关系

实现关系是将一种模型元素(如类)与另一种模型元素(如接口)连接起来，它表示不继承结构只继承行为。通常情况下，实现关系用来规定接口和实现接口的类或组件之间的关系。其中接口只是行为的说明而不是实现，而真正的实现由另一个模型元素来完成。

可以在两种情况下使用实现关系：第一，在接口与实现该接口时；第二，在用例以及实现该用例时。在 UML 图中，实现关系一般用一条带有空心箭头的虚线来表示，如图 6 10 所示。

图 6-10   实现关系

# 6.4　UML 图的设计

UML 中的图主要分为两类：静态图和动态图。其中，静态图有用例图、类图、对象图、组件图和配置图；动态图有时序图、协作图、状态图和活动图。如表 6-2 所示。

表 6-2　UML 视图

| 序　号 | 模型种类 | 十种图形 | 建模机制 |
|---|---|---|---|
| 1 | 用例模型 | 用例图 | 静态建模 |
| 2 | 静态模型 | 类图、对象图、包图 | 静态建模 |
| 3 | 行为模型 | 状态图、活动图 | 动态建模 |
| 4 | 交互模型 | 序列图、协作图 | 动态建模 |
| 5 | 实现模型 | 组件图、部署图 | 静态建模 |

## 1. 类与类图

类是对本质相同的事物的抽象。类图是描述类、接口、协作以及它们之间关系的图，它是系统中静态视图的一部分。

类在类图中用矩形框表示，它的属性和操作分别列在分格中，如图 6-11 所示。若不需要表达具体信息时，分格可以省略。一个类可能出现在好几个类图中。同一个类的属性和操作只在一个类图中列出，在其他图中可省略。

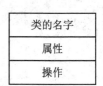

图 6-11　类图示例

例如：Person 类的 UML 图为

| Person |
|---|
| Name: Varchar |
| ID: Varchar |
| Run(): Void |

图 6-12 给出了一个完整的"CD 销售系统"的类图。我们看到了一个继承关系和两个关联关系。

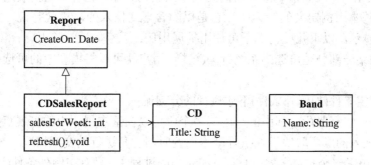

图 6-12　一个完整的类图

CDSalesReport 类(销售报告)继承 Report 类(报告)，而 CDSalesReport 类又与一个 CD 类关联。CD 类和 Band 类(乐队)两个类彼此都可以与一个或者多个对方类相关联。

### 2. 用例与用例图

1) 用例和用例图

用例图表示用例之间以及用例和角色之间的关系，目的用于帮助用户和开发人员更好地理解所要开发的系统的功能。它由用例和角色(又称参与者)组成。

角色是与系统、子系统或类发生交互的外部用户、进程或其他系统。角色可以是人、另一个计算机系统或一些可运行的进程。

用例描述的是站在用户角度所理解的系统的总功能。用例由角色激活，并提供信息给角色。

在 UML 中，用例用一个椭圆表示，将用例的名称放在椭圆的中心或椭圆下面的中间位置；角色用一个人形符号表示。如图 6-13 所示。

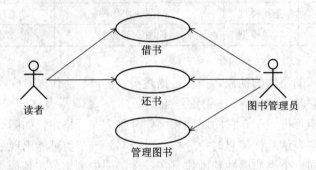

图 6-13　图书管理系统用例图

用例一般被命名为一个能够说明目标的词组，如图 6-13 中的"借书""还书"和"管理图书"皆为词组。在图 6-13 中的用例图中，角色是读者、图书馆管理员，用例是借书、还书和管理图书。

2) 用例之间的关系

用例之间也存在包含、扩展和泛化等关系。

(1) 包含关系。用例可以简单地包含其他用例具有的行为，并把它所包含的用例行为作为自身行为的一部分，这被称做包含关系。

(2) 扩展关系。扩展关系是扩展用例到基本用例的关系，它说明为扩展用例定义的行为如何插入到为基本用例定义的行为中。它是以隐含形式插入的，也就是说，扩展用例并不在基本用例中显示。以下几种情况下可使用扩展用例：

① 用例的某一部分是可选的系统行为(这样，用户就可以将模型中的可选行为和必选行为分开)；

② 只在特定条件(如例外条件)下才执行的分支流；

③ 可能有一组行为段，其中的一个或多个段可以在基本用例中的扩展点处插入。所插入的行为段和插入的顺序取决于在执行基本用例时与主角进行的交互情况。

图 6-14 给出了一个扩展关系的例子。在还书的过程中，只有在例外条件(读者遗失书籍)的情况下，才会执行赔偿遗失书籍的分支流。

(3) 泛化关系。子用例可以继承父用例，这是一种特殊的泛化关系，我们常常称之为用例泛化关系。如在图 6-15 中，订票是电话订票和网上订票的父用例。

另外，角色之间也存在泛化关系。

在图 6-13 所示图书馆管理系统用例图中，可以认为"读者"是"学生读者"和"教师读者"的泛化，而"学生读者"还可以继续划分为"本科生读者"和"研究生读者"；同样，"图书管理员"也是"采购员""编目员"及"借阅人员"的泛化。图 6-16 表示出了角色之间的泛化关系。

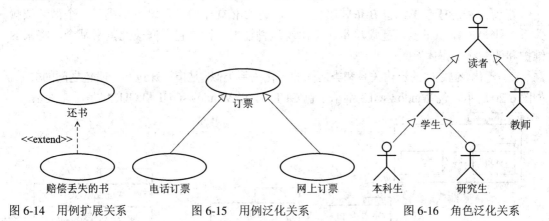

图 6-14　用例扩展关系　　　　图 6-15　用例泛化关系　　　　图 6-16　角色泛化关系

### 3. 对象图

对象图可看成是类图的一个实例，对象图展示某时刻对象和对象之间的关系。由于对象存在生命周期，因此对象图只能在系统某一时间段存在。

对象图的表示法除了对象名下要加下划线以外，与类图的表示法基本一样，如图 6-17 所示。

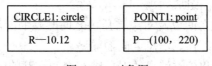

图 6-17　对象图

### 4. 包图

1) 包图的定义

对一个复杂系统建模，往往要使用大量的模型元素，这时有必要对这些模型元素进行组织。把关系密切的模型元素组织在一起，不仅可以控制模型的复杂度，也有助于对模型元素的理解。

包是对模型元素分组的机制，通过包可以把模型元素分成组。例如对于类图，它可以把一组类打包；对于用例图，它可以把一组用例打包。

包图由包以及包与包之间的关系组成。

包图的表示由两个长方形组成，如图 6-18(a)所示。其中，小长方形位于大长方形左上角。如果不显示包的内容，则包的名字可以在大长方形内，否则包的名字应该在小长方形内，如图 6-18(b)和图 6-19 所示。

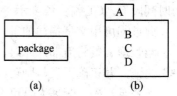

图 6-18　包图的表示

2) 包之间的关系

包之间可以有如下两种关系：

(1) 依赖。如果对类 A 的修改将导致类 B 的改变，则称 B 依赖于 A。如果两个包存在具有依赖关系的两个类，则称这两个包之间存在依赖关系，如图 6-19 所示。

图 6-19 中，"领域"包由"订单"和"客户"两个子包构成，"订单"包依赖于"客户"包。数据库接口类仅定义抽象数据访问、数据操作。Oracle 接口包和 DB2 接口包基于具体的数据库管理系统实现通用接口定义的抽象接口函数。

若包 A 依赖于包 B，包 B 依赖于包 C，而包 C 依赖于包 A，这就形成了一个循环依赖关系，即 A—B—C—A。建议尽量避免出现这种情况。因为包之间彼此紧密耦合，将来的维护和改进将变得困难。

(2) 泛化。包之间的泛化关系和类之间的泛化关系类似，是指特殊包和一般包之间的关系。如图 6-20 所示，包 WindowsGUI 继承了包 GUI，所以 WindowsGUI 和 GUI 包是泛化关系。

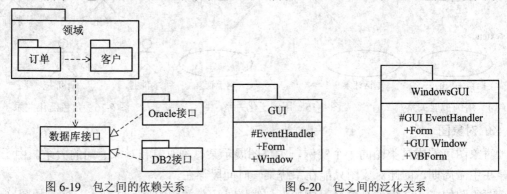

图 6-19　包之间的依赖关系　　　　　图 6-20　包之间的泛化关系

### 5. 交互图

交互图由序列图和协作图组成。

序列图是详细描述对象之间以及对象与角色之间交互的图，它由一组协作的对象以及它们之间可发送的消息组成，强调消息之间的顺序。

协作图是一种强调发送和接收消息的对象组织之间交互的图，强调交互的对象。

#### 1) 序列图

序列图(时序图)有两个维度：垂直维度和水平维度。垂直维度以发生的时间顺序显示消息/调用的序列；水平维度显示消息被发送到的对象实例。

序列图由角色、对象、对象生命线和消息组成。由于序列图强调消息的顺序，所以往往在文字表述上会出现"当……时……""首先""然后""接着""……发出……消息""……响应……消息"等词汇。例如，图书管理系统中图书入库序列图如图 6-21 所示。

注：图中，序号表示"消息顺序号"，瘦高的窄矩形表示"一个对象执行一个动作所经历时间段"，实心箭头线表示"消息传递方向"，图的最顶部表示参加交互的对象。

此过程可用文字描述如下：

当管理人员将新书入库时，首先要求登录(输入用户名和口令)系统，经系统的"注册表单"验证，若正确无误，则可继续下一步交互，否则拒绝该管理人员进入系统。

若登录正确，管理人员可发出查询请求消息，系统的"图书入库表单"对象响应请求。

若管理人员发出增加或删除库存图书请求，"库存图书"对象将响应该消息，找出数据库中的相关数据并执行相应的操作。

此后，管理人员应按下提交键确认请求，"图书入库表单"接口对象响应该请求，并发出存储消息，由"库存图书"对象响应存储消息，进行数据库存储操作。

假如管理人员结束图书入库，发出退出系统的请求，则系统的"注册表单"接口对象响应请求，关闭系统。

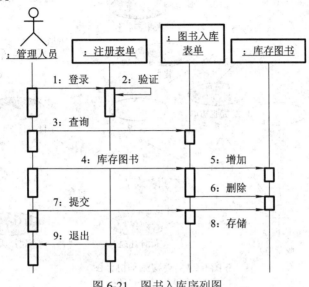

图 6-21　图书入库序列图

【课堂训练】

图 6-22 是一个货物交易序列图。请仔细阅读序列图，并用文字描述出本序列图的货物交易业务的信息序列。

2) 协作图

UML 交互图的另一种形式是协作图。它首先把参加交互的对象作为图的顶点，然后把连接这些对象的链作为图的有向边，最后用对象发送和接收的消息来描述这些链。

图 6-23 给出了注册新课程的协作图，图中描述了注册者、课程表单、管理员和课程对象之间的协作关系，对象之间的连接关系上给出了发送和接收的消息。

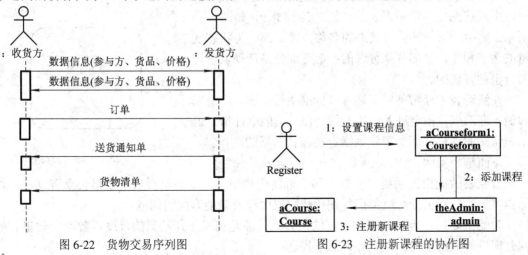

图 6-22　货物交易序列图　　　　　图 6-23　注册新课程的协作图

**【课堂练习】**

请用文字描述图 6-24 中货物流动协作图的消息传递。

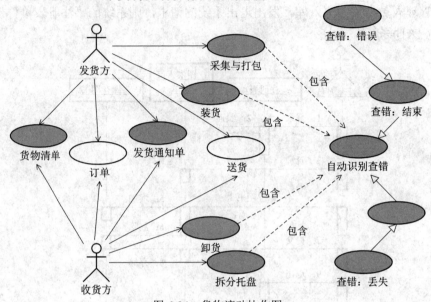

图 6-24　货物流动协作图

## 6. 状态图

所有对象都具有状态，状态是对象执行了一系列活动的结果。当某个事件发生后，对象的状态将发生变化。在状态图中定义的状态有：初始状态、中间状态、终止状态。

状态图由状态、转换、事件和动作组成。状态图的顶点是状态，弧是转换。

在绘制状态图时，首先绘制起点和一条指向该类的初始状态的转换线段。状态本身可以在图上的任意位置绘制，然后只需使用状态转换线条将它们连接起来。

UML 中表示初始状态和最终状态的符号与前面描述所用的符号相同。在一张状态图中只能有一个初始状态，而终止状态则可以有多个。

初始状态用实心圆 ● 表示，终止状态用 ◉ 表示。

中间状态用圆角矩形表示，包含三个部分，如图 6-25所示。其中，第一部分为状态的名称；第二部分为状态变量的名字和值，这部分是可选的；第三部分是活动表，这部分也是可选的。

在活动表中经常使用下述三种标准事件：进入、退出和做。进入事件指定进入该状态的动作，退出事件指定退出该状态的动作，而做事件则指定在该状态下的动作。

下面举个实例。

图 6-25　中间状态符号

省监察效能投诉系统中分咨询和投诉两个模块。其中咨询模块主要指公众咨询，咨询的内容主要包括关于行政部门行使行政职权时涉及效能方面的问题。

效能主要指办事的效率和工作的能力。效能是衡量工作结果的尺度，效率、效果、效益是衡量效能的依据。效能咨询需求描述：

[咨询人]首先在网页(外网)上发起[咨询]，接着[咨询办理员]对咨询内容进行处理，并对[咨询人]进行[咨询回复]，然后[咨询办理员]根据咨询内容是否敏感决定是否在外网进行[咨询公示]，最后[咨询人]就可以在网上查阅咨询结果。

效能咨询的工作流程(步骤)是：

(1) 公众用户访问电子监察网，咨询人首先在网页(外网)上发起咨询。咨询描述内容有：咨询部门、标题、咨询内容、咨询人姓名和邮件。

(2) 监察部门的咨询办理员在网上(内网)接收到咨询信息后，进行如下处理：

① 如果咨询内容属于效能咨询，而且属于省厅办理的事项，转给省直业务厅局进行在线答复；如果咨询内容属于非效能咨询，短信/邮件告知为"非效能咨询"，不进行网上答复，咨询结束。

② 对于效能咨询而且咨询内容不属于省厅办理事项的，则转到相应市或县监察局处理(需要转去的相应市/县业务局进行答复)。

③ 所有效能咨询答复完毕，都要发送短信/邮件。

④ 对答复内容(尤其敏感问题)进行筛选，确定是否进行外网公示。

效能咨询模块的工作状态图如图 6-26 所示。

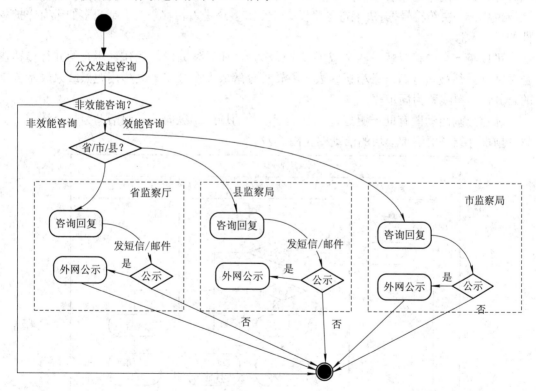

注：图中，菱形表示分支状态。

图 6-26　效能咨询模块的工作状态图

### 7. 活动图

活动图是UML中描述系统动态行为的视图之一，它用于展现参与行为的类的活动或动作。在 UML 里，活动图本质上就是业务流程图，着重描述操作以及用例实例或对象中的活动等。

状态图描述一个对象的状态以及状态改变，而活动图除了描述对象状态之外，更突出了它的活动，在 UML 模型中使用框图的方式表示动作及结果。

活动图可用作如下目的：

(1) 描述一个操作执行过程中所完成的工作(动作)，这是活动图最常见的用途。

(2) 描述对象内部的工作。

(3) 显示如何执行一组相关的动作，以及这些动作如何影响它们周围的对象。

(4) 显示用例的实例如何执行动作以及如何改变对象状态。

(5) 说明一次业务活动中的人(角色)、工作流组织和对象是如何工作的。

活动图由起始状态、终止状态、状态转移、决策、守护条件、同步棒和泳道组成。

起始状态显式地表示活动图上一个工作流的开始，用实心圆点表示。在一个活动图中只有一个起始状态。终止状态表示了一个活动图的最后和终结状态，一个活动图中可以没有或有多个终止状态，终止状态用实心圆点加一个小圆圈来表示。

活动图中的动作用一个圆角四边形来表示，四边形内的文字用来说明动作的名字。动作之间的转移用带有箭头的实线表示。箭头上可能还带有守护条件、发送语句和动作表达式。守护条件用来约束转移，当守护条件为真时转移才可以开始。用菱形符号来表示决策点，也称为"决策符号"。决策符号可以有一个或多个进入转移，两个或更多的带有守护条件的发出转移。

可以将一个转移分解成两个或更多个转移，从而导致并发的动作。所有的并行转移在合并之前必须被执行。一条粗黑线表示将转移分解成多个分支，同样用粗黑线来表示分支的合并，粗黑线称为同步棒。

泳道分割活动图有助于更好地理解执行活动的场所。纵向的一组活动为一个泳道。例如，前面介绍过的咨询模块的活动图见图 6-27。

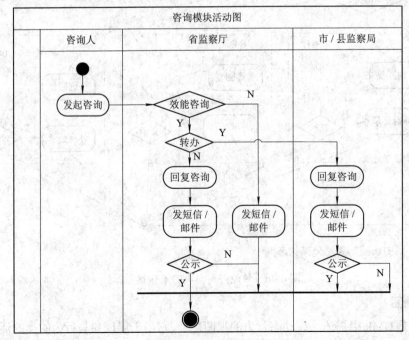

图 6-27  咨询模块活动图

### 8. 组件图

组件图描述软件组件以及组件之间的关系，组件是类和接口等逻辑元素打包而形成的物理模块。

组件图是显示系统中的组件与接口及它们间的依赖、泛化和关联关系的图。组件图通常包括以下三个部分：组件、接口、关系。在 UML 图中，组件的符号如图 6-28 所示。

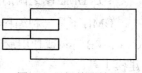

图 6-28　组件图符号

组件图中包含以下关系：依赖、泛化、关联和实现关系。

图 6-29 是 Visual C++ 工程文件的组件图。

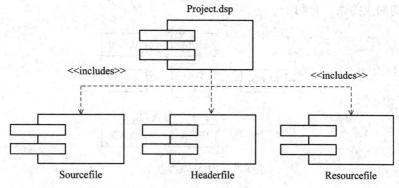

图 6-29　Visual C++ 工程文件的组件图

### 9. 部署图

部署图用于显示系统中的硬件和软件的物理结构。这些部署图可以显示实际的计算机和节点以及节点之间的关系，它们之间的连接以及这些连接的类型。节点是定义运行时的物理对象的类，如计算机、设备或存储器。节点包含两方面的内容：

(1) 能力，如计算能力、存储能力等；

(2) 位 置，部署的位置。

例如，图 6-30 给出了 B/S 结构的部署图。

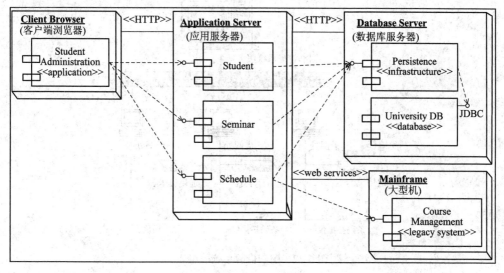

图 6-30　B/S 结构的部署图

### 10. UML 图之间的关系

UML 不是一种编程语言,但使用代码生成工具可将 UML 模型映射成编程代码,如 Java、C++、VB 等;或使用反向生成工具将编程代码转换为 UML 模型,如 Rational Rose 等 UML 建模工具。

UML 图之间的关系如图 6-31 所示。其中:用例图主要用来描述系统的外部行为;类图和对象图用来定义类和对象以及它们的属性和操作;状态图描述类的对象所有可能的状态以及事件发生时状态的转移条件;序列图显示对象之间消息发送的顺序,同时显示对象之间的交互;协作图强调对象间的动态合作关系;活动图描述满足用例要求所要进行的活动以及活动间的约束关系,有利于识别并行活动。

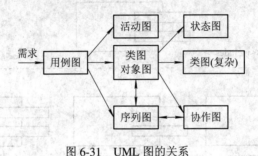

图 6-31　UML 图的关系

## 6.5　实例:建立图书借阅系统的 UML 模型

### 1. 图书借阅系统需求分析

图书借阅系统是图书管理系统的一个子系统,主要完成图书借阅工作。为了提高工作效率,图书馆的图书借还过程均使用条码阅读器来读取图书条码,如图 6-32 所示。

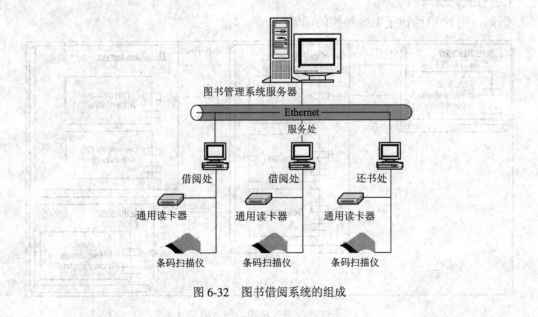

图 6-32　图书借阅系统的组成

其功能需求详细描述如下:

(1) 管理员登录系统,进入借书工作状态,等待借书处理。

(2) 读者找到所需图书,在借书处刷卡机上刷卡。

(3) 管理员对借阅证进行资格审查。

(4) 审查是否为读者本人(非本人不得外借)。

(5) 是本人,审查读者的借阅权限。在以下情况下显示拒借:

① 读者证无效(即处于验证/挂失/注销/暂停状态);

② 读者证已过有效期;

③ 读者有未交清的罚款;

④ 读者有过期未还文献。

(6) 如果审查未通过,则管理员通知读者无权借书。

(7) 如果审查通过,则管理员使用条码阅读器读取图书的条码。

(8) 管理员读取图书的条码后可能出现以下拒借的情况:

① 馆藏库无指定书目记录;

② 本书是预约借书,但当前文献实际预阅者与借阅者不符;

③ 读者总借数已满。

(9) 以上情况通过则进行具体的借书处理。

(10) 若是预约借书,还要将读者的预约信息取消。

(11) 借书成功。

**2. 参与者分析并获取用例**

在本文图书借阅模块中,有两类参与者:管理员与读者。

在该模块中,对读者来说,用例只有一个就是读者刷卡。对于管理员来说,用例包括登录系统、对借阅证资格进行审查、通知读者无权借书、读取图书条码、审查书籍信息、借书处理、取消预约等。因此,本子系统的用例图如图 6-33 所示。

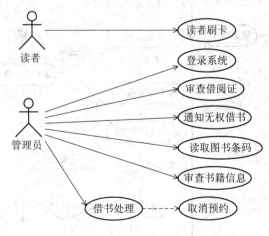

图 6-33　图书借阅模块用例图

**3. 设计类图**

在用例分析基础上,利用名词策略,考虑与问题描述域和系统功能相关的对象,找出需要处理的类，主要有：管理员类、读者类、图书类、借阅证类。类图如图 6-34 所示。

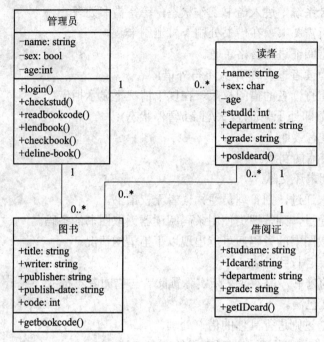

图 6-34　图书借阅模块类图

### 4. 建立动态模型——活动图

活动图常用于描述一个操作执行时的流程，也可以用于描述一个用例的处理流程，或者某种交互流程。由图书借阅模块的功能需求描述可以得知：模块中包含有三个判断条件，所以适合于绘制活动图。其中，管理员登录系统后等待借书的状态为初始状态。

图书借阅模块活动图如图 6-35 所示。

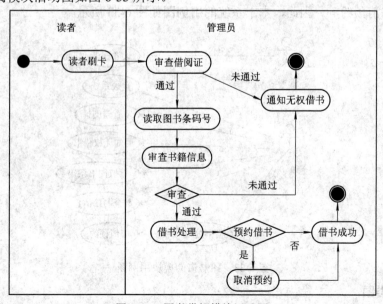

图 6-35　图书借阅模块活动图

# 本 章 小 结

本章对传统的开发方法和面向对象的开发方法进行了比较。面向对象的方法接近于人们对客观世界的认知方式。它具有如下优点：

(1) 在设计中容易与用户沟通。

(2) 把数据和操作封装到对象之中。

(3) 设计中产生各式各样的构件，然后由构件组成整个程序。

(4) 应用程序具有较好的可重用性、易改进性、易维护性和易扩充性。

另外，本章讨论了 UML 的结构、关联和 UML 的 10 种图。但是在实际工作中，其中经常使用的是类图、用例图、活动图、序列图和状态图。其中类图和用例图从静态方面描述了系统需求中的角色及操作；活动图从动态方面描述了系统的业务流程；序列图和状态图从动态方面描述了系统的活动顺序及交互状态。

# 习　　题

1. 将下面程序用类图表示。

```
import java.awt.*; import java.util.Date;
public class showDate extends java.applet.Applet
{
    Date timeNow=new Date();
    Font msgFont=new    Font（"TimesRoman", Font.ITALIC, 30);
    public void paint(Graphics g)
    {
        g.setFont(msgFont);
        g.setColor(Color.blue);
        g.darwString(timeNow.toString(), 5, 50);
    }
}
```

2. 有一个火车订票系统，顾客可以使用电话或网络进行订票：

(1) 一个顾客可以多次订票，但是每个网点每次只能为一个顾客执行订票服务。

(2) 假设有两种车票：单人票和套票。单人票只是一张票，套票包括多张票。

(3) 每一张票不能既是单人票又是套票，只能选择其中一种。

(4) 每次可以预订多张火车票，每张票对应一个唯一的座位。

请画出订票系统的 UML 模型(类图、对象图、用例图、序列图)。

3. 画出扩展(或者细化)图 6-36 所示"自动售货系统"后的用例图。

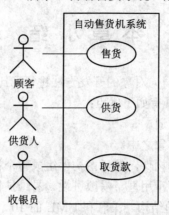

图 6-36　自动售货系统

4. 图 6-37 是电梯(上楼、下楼、到达)的 UML 状态图，请根据状态图画出相应的序列图。(其中 floor 是楼层号)

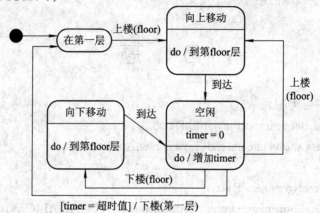

# 第 7 章　Rational Rose 建模工具

## 7.1　Rational Rose 简介

Rational Rose(以下简称 Rose)是用 UML 快速开发应用程序的工具之一，其主窗口如图7-1 所示。

图 7-1　Rational Rose 主窗口

Rose 工具创建的系统模型包括所有 UML 图、角色、对象、类、组件和部署节点等。

Rose 工具可以极大地帮助开发人员有效地进行系统设计。例如：利用 Rose 工具可以先设计系统的用例图，表示出系统业务流程和功能；然后用类和类图描述系统中的对象及其相互关系；接着使用组件图可以演示类如何映射到组件中；最后，使用部署图可以展示系统的物理设计。这不仅方便了开发人员，而且还可以对其他项目组人员有如下用处：

(1) 整个项目小组可以使用用例图了解系统的业务；

(2) 客户和项目管理人员使用用例图确定项目的范围；

(3) 项目管理人员可以使用用例图和文档将项目进行分解；

(4) 分析人员和客户使用用例图了解系统提供的功能，使用序列图和协作图了解系统的逻辑流程、系统中的对象及对象间的消息；

(5) 质量管理人员可以使用用例文档、序列图、协作图获取测试脚本所需的信息；

(6) 部署人员使用组件图和部署图了解要创建的可执行文件、DLL 和其他组件在网络上的部署位置。

## 7.2　Rose 界面简介

在 Rose 操作窗口下，可以看到以下四个视图：用例视图(Use Case View)、逻辑视图

(Logical View)、组件视图(Component View)和部署视图(Deployment View)。它可支持七种UML图：用例图、序列图、协作图、类图、状态图、组件图和部署图。

Rose界面由五大部分组成，分别是：工具栏(标准和图形)、浏览区、文档描述窗口、图形窗口和状态栏，如图7-2所示。

图 7-2  Rose 工具界面

其主要功能如下：

(1) 工具栏：用于迅速访问常用命令，分为标准工具栏和图形工具栏。Rose的标准工具栏独立于当前打开的图形窗口界面，如图7-3所示。

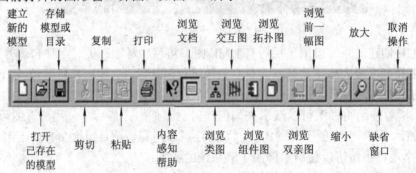

图 7-3  Rose 标准工具栏

(2) 浏览区：通过它可以在各模型间迅速漫游。Rose的浏览区描述了原本的视图模型，并且提供了在每一种视图的组件间进行访问的功能。其中，"+"表示该图标为折叠图，"–"表示该图标已被完全扩展开。如图7-4所示。

(3) 文档描述窗口：为所选择的项和图形提供建立、浏览或修改文档的能力。当不同的选项和图形被选择时，仅允许一个文档窗口被更新。文档窗口分为可视文档窗口或被隐藏文档窗口、固定文档窗口或浮动文档窗口。图7-5所示为浮动文档窗口。

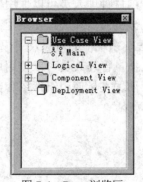

图 7-4  Rose 浏览区

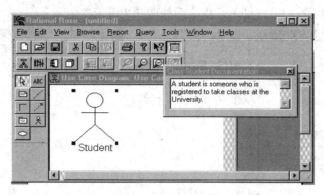

图 7-5 浮动的文档窗口

(4) 图形窗口：用于显示和编辑一个或几个 UML 图。

**注意**：在 Rose 的图形窗口中，可使用 Del 键和 Ctrl + D 组合键来分别删除图形元素和模型元素。其区别为：使用 Del 键只删除图形元素，模型元素仍在，而使用了 Ctrl + D 键删除模型元素后图形元素也随之消失。

(5) 状态栏：用于浏览和报告各个命令执行的结果。

# 7.3 创 建 角 色

创建角色的方法有两种，下面分别加以介绍。

### 1. 方法一

先创建模型元素，再创建图形元素。操作方法如下：

(1) 从左边的视图菜单选择 Use Case View(用例视图)/New/Actor 项，如图 7-6 所示。

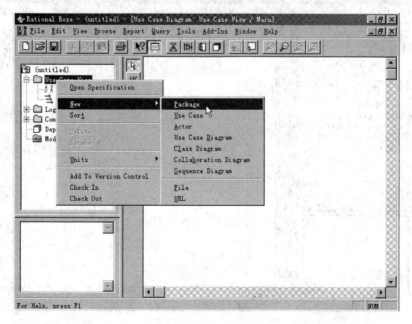

图 7-6 创建角色菜单法

(2) 输入角色名称：ToDo User，完成后如图 7-7 所示。

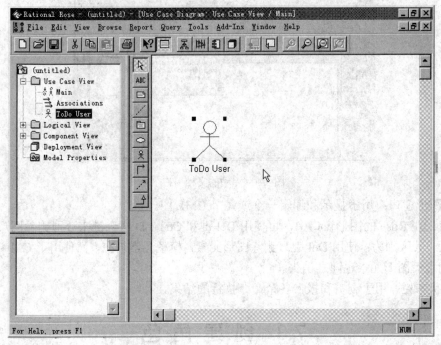

图 7-7　创建角色完成

## 2. 方法二

直接利用工具栏的角色图标 ，可以同时创建模型元素和图形元素。这里我们输入角色名称：FileSystem。如图 7-8 所示。

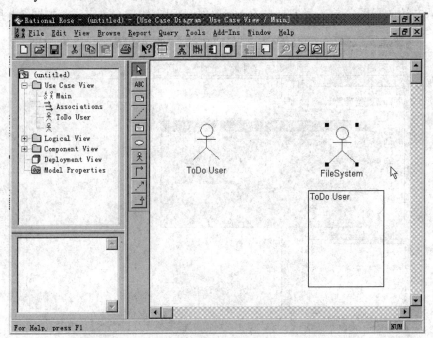

图 7-8　创建角色图标法

# 7.4　建立角色和用例的关联

建立角色和用例的关联的具体操作步骤如下：

(1)　点击工具栏的椭圆用例图标 ⬭ 。

(2)　建立第 1 个用例，输入用例名称：Add Task，如图 7-9 所示。

(3)　建立第 2 个用例，输入用例名称：Remove Task。

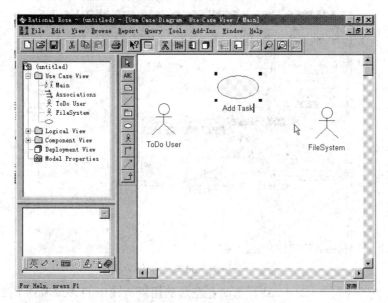

图 7-9　创建用例视图

(4)　使用工具 ➹ 图标把它们的关系连接起来。如图 7-10 所示。

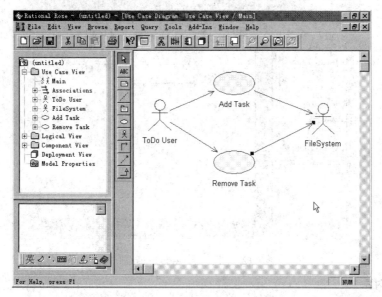

图 7-10　建立角色和用例的关联视图

# 7.5　创建序列图

**1. 创建序列图标**

创建序列图标的具体操作方法如下：

(1) 从视图菜单的用例视图(Use Case View)中点击用例 Add Task/New/Sequence Diagram。如图 7-11 所示。

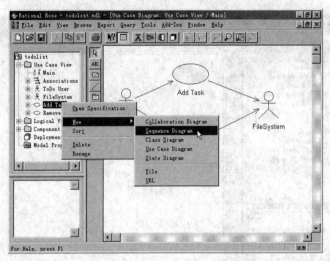

图 7-11　用例 Add Task 的序列图

(2) 输入序列名称：Add a task。这时在左边的用例视图中的 Add Task 用例的菜单下会增加一个序列图标 Add a task ，如图 7-12 所示。

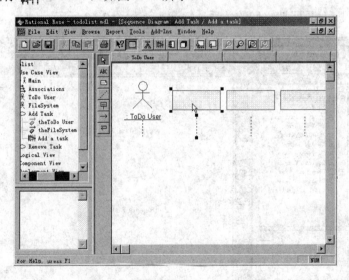

图 7-12　创建一个 Add a task 序列

**2. 描述对象**

接下来进行对象描述。具体操作步骤如下：

（1）首先我们使用工具栏对象图标 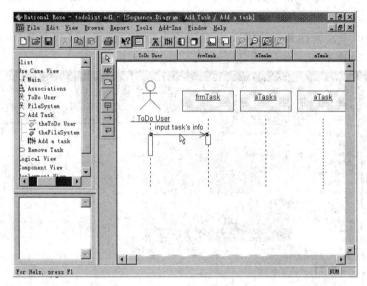 建立三个对象：输入窗口对象、tasks 对象和 tasks 表对象。

（2）输入对象名称：frmTask、aTask、aTasks。

（3）接着描述对象之间的消息。步骤如下：

① 对象关联。使用类的关系符号工具 ，从源对象拖动鼠标到目的对象，如图 7-13 所示。

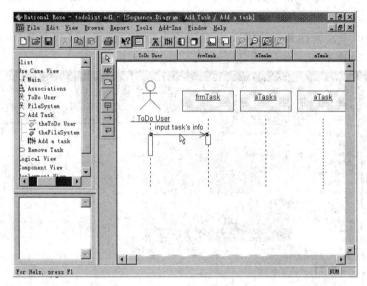

图 7-13   对象关联

② 如图 7-14 所示，关联角色 ToDo User 和对象 frmTask，操作如下：

输入序列名称：input task's info；click "AddTask" button ；

关联对象 frmTask 和对象 aTasks，输入序列名称：AddTask(task info)；

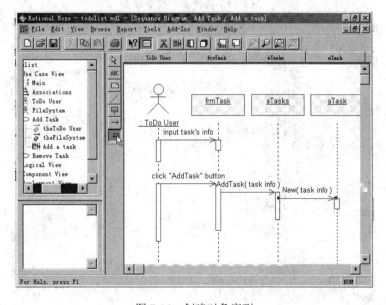

图 7-14   创建对象序列

关联对象 aTasks 和对象 aTask，输入序列名称：New(task info)。

③ 使用工具 ⮌ 描述序列关系。

# 7.6  创建协作图

接下来创建协作图。从序列图可以直接得到协作图，它们是从不同角度观察的。方法如下：

在 Rose 窗口中，选择 Browse/Create Collaboration Diagram 菜单命令，其创建步骤分别如图 7-15 和图 7-16 所示。

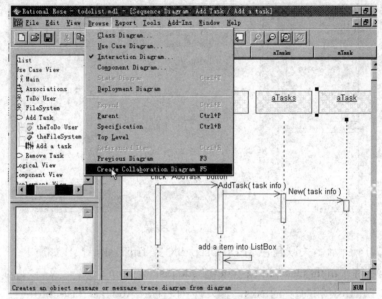

图 7-15  协作图创建步骤 1

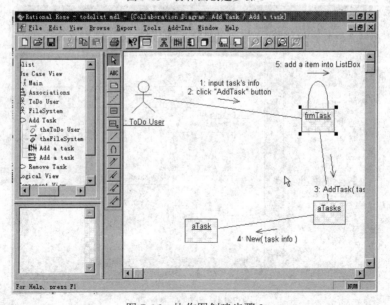

图 7-16  协作图创建步骤 2

# 7.7　建立静态模型

序列图可以帮助我们分析出类。我们从 Add Task 的序列图可以分析出 frmToDo、CTasks、CTask 三个类。

### 1. 创建类

下面我们从逻辑视图的包中建立这三个类以及它们之间的关联。

(1) 从左边的视图菜单中点击逻辑视图 Logical View，进入逻辑视图。

(2) 从工具栏拖动一个类图符号 到右边区域，如图 7-17 所示。输入类名：frmToDo、CTasks、CTask，如图 7-18 所示。

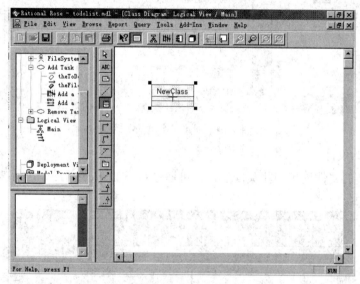

图 7-17　创建类

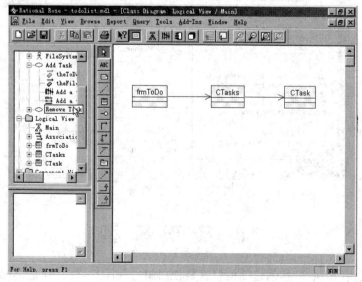

图 7-18　创建类 frmToDo、CTasks 和 CTask

(3) 把图 7-18 左边视图菜单的逻辑视图中的三个类拖动到相应的类图中，从而创建关联，如图 7-19 所示。

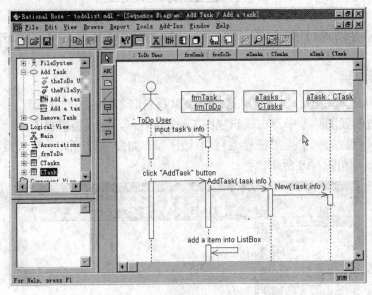

图 7-19　创建三个类的关联

### 2. 细化类的设计

通过添加类的属性逐步细化类的设计。可通过点击 Logical View/Main 来细化类，其结果如图 7-20 所示。

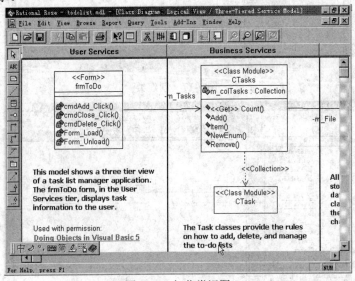

图 7-20　细化类视图

# 7.8　实　现　模　型

实现前面使用 Rose 工具创建的模型就是使用组件视图部署组件，从而设计系统最终的实现结构，这个结构包括组件：dll 文件、exe 文件以及 java 环境，这些组件在组件视图 ComponentView 中实现。

例如：假设只需要一个 exe 文件，那么可以进行如下操作：

(1) 点击左边的视图菜单中的 ComponentView/New/Package 命令，如图 7-21 所示。

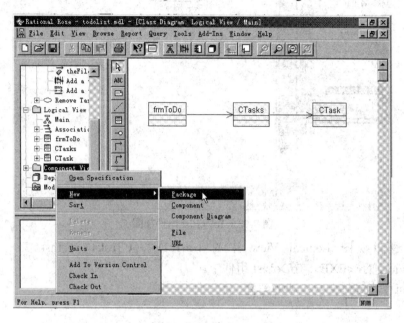

图 7-21　创建组件

(2) 输入组件名称：ToDoList。在 Stereotype 中选择 exe 类型，然后点击 OK 按钮。如图 7-22 和图 7-23 所示。

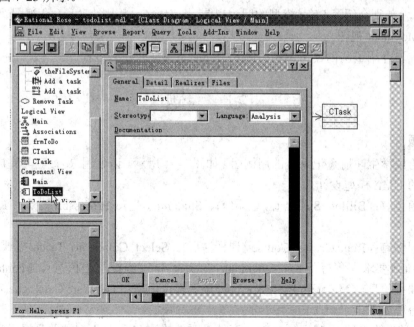

图 7-22　创建 ToDoList 组件

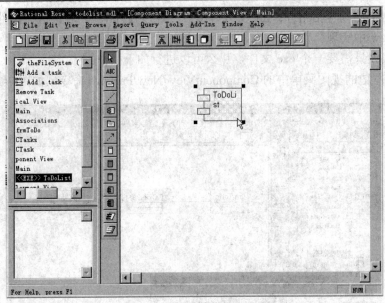

图 7-23　ToDoList 组件视图

(3) 把逻辑视图 Logical View 中的 frmToDo、CTasks、CTask 三个类拖动到 ComponentView 的<<EXE>>ToDoList 组件中。

(4) 为每个类或包指定实现的部件。

# 本 章 小 结

本章简要介绍了 Rational Rose 工具的使用，以及在 Rose 建模中建立视图、修改和操作组件的能力。分别介绍了 Rose 模型的四个视图，即 Use Csae 视图、Logical 视图、Component 视图、Deployment 视图。

本章主要介绍了从创建角色和用例开始到静态模型的建立过程。

# 习　　题

**实训题**

这里给出学生注册登记系统的用例图，如图 7-24 所示。请使用 Rose 工具完成学生注册登记系统的 UML 模型设计。

系统角色有：Billing System(登记系统)、Student(学生)、Professor(教授)、Registrar(注册人)。

系统用例有：Register for Courses(课程注册)、Select Course to Teach(授课)、Request Course Roster(要求课程登记册)、Maintain Student Info(维护学生信息)、Maintain Course Info(维护课程信息)、Maintain Professor Info(维护教授信息)、Generate Catalogue(产生分类)。

事件流程如下：

(1) 当学生输入 id 号时，Use Case 开始，系统检测 id 号是否合法并且提示学生选择本学期或下一学期。在学生选择完毕后，系统会提示学生其他选项：

① 建立课程表；

② 浏览课程表；

③ 修改课程表：删除课程，添加课程。

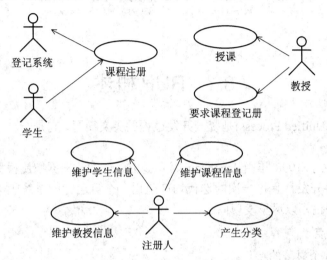

图 7-24　学生注册登记系统的用例图

学生选项均完成后，系统则打印学生课程表，通知学生登记完毕。系统将该学生的计费信息传入收费系统以便处理。

① 如果输入非法 id 号，则系统不允许访问。

② 如果企图建立的学期课程表已存在，系统将会提示进行其他选择。

(2) 建立课程表。学生输入 4 个主课程号和 2 个候补课程号。学生提出课程要求，然后：

① 检查该课程是否满足学生要求；

② 如果该课程开放，则将学生加入课程名单。

如果主课程无效，则系统将替换另一课程。

(3) 浏览课程表。表示学生对学期所选课程的要求信息以及学生所选课程信息，包括课程名称、课程号、每周上课次数、上课时间和上课地点等。

(4) 修改课程表——删除所选课程。若学生要求删除所选课程，则系统检查是否超过最终修改日期，如果没有过期，则系统删除学生所选课程，系统通知学生处理完毕。

(5) 修改课程表——加入新课程。若学生要求加入新的课程，则系统检查是否超出最终修改日期，如果没有，则系统判断：

① 是否超过最大课程数量；

② 检查所选课程是否满足必要条件；

③ 如果该课程开放，将学生加入课程名单中。

# 第8章　RUP 开发方法

## 8.1　RUP 概述

RUP(Rational Unified Process)是统一开发过程的英文简写，它是一个面向对象的软件开发方法。

RUP 开发方法于 1998 年由 Jacobson 等人提出。该方法根据螺旋模型和渐增模型软件开发原理进行软件开发，且每一次的迭代均产生出一个可运行的系统版本，并对每一次迭代周期进行风险评估，以尽早发现问题。

### 1. RUP 的特点

RUP 有如下 6 个显著的特点：

(1) 迭代式开发。软件开发的过程是一个迭代和递进的过程。迭代式开发模型允许在每次迭代过程中需求发生变化时，开发人员可以通过不断对需求的细化加深对问题的理解。每个迭代过程都会产生一个可以执行的版本，这样可以降低项目的风险。

(2) 需求管理。RUP 通过文档对需求进行管理。

(3) 基于组件的体系结构。因为组件具有独立性、可替换性、模块化等特点，软件使用组件体系结构有助于提高软件的重用率。RUP 可以描述适应需求变化的、易于理解的、有助于重用的软件体系结构。

(4) 可视化建模。RUP 是和 UML 联系在一起的，它可以利用可视化的软件系统进行系统建模。

(5) 软件质量验证。在 RUP 中软件质量评估不再是事后进行或小组单独进行的活动，而是贯穿在软件开发过程的所有活动中，这样可以及早发现软件的缺陷。

(6) 控制软件变更。RUP 描述了如何控制、跟踪、监控、修改以确保成功的迭代开发。

### 2. RUP 的优点和不足

RUP 开发方法具有很多优点，例如：

(1) 提高了团队生产力。RUP 开发方法针对所有关键的开发活动为每个开发人员都提供了必要的准则、模板和工具指导。

(2) 它建立了简洁和清晰的软件结构。通过业务建模和系统分析与设计完成了软件架构设计，这样即为开发过程提供了较好的通用性。RUP 非常适合系统分析和设计师在开发过程的上游阶段设计系统架构。

虽然 RUP 是开发应用的一个非常好的方法，但是 RUP 开发方法缺少关于软件运行和维护等方面的内容。在实际应用中可以根据需要结合结构化方法的优点对其进行改进。

# 8.2 RUP 的生命周期

RUP 的生命周期分成四个阶段，分别是：初始(Inception)、细化(Elaboration)、构造(Construction)与交付(Transition)，这四个阶段构成一个周期，可反复进行。图 8-1 给出了一个外包项目的 RUP 的生命周期。

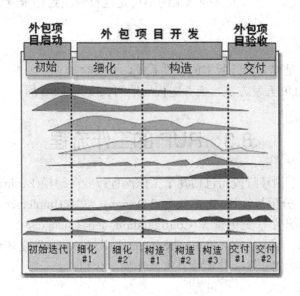

图 8-1　一个外包项目的 RUP 的生命周期

**1. 初始阶段**

初始阶段的目标是需求分析，即了解项目范围，建立企业个案，取得有关人员对推展该项目的认同。

这个阶段的主要工作是确定系统的业务用例，获得项目范围、关键风险等需求，并且决定是否进入细化阶段。

**2. 细化阶段**

细化阶段的目标是迭代地构建系统的核心体系结构并解决技术风险。

构建系统的体系结构意味着真正的编程、集成及测试，淘汰项目中最高风险的元素。构建系统体系结构主要有以下过程：

(1) 确定构架。确保系统构架和系统需求，充分减少风险，从而能够有预见性地确定开发所需的成本和开发进度。

(2) 制定构建计划。为构建阶段制定详细的过程计划并为其建立基线。

(3) 建立支持环境。支持环境包括开发环境、开发流程、支持工具(包括自动化/半自动化工具)。

(4) 阶段技术评审。阶段技术评审是对软件开发过程中的需求分析阶段、系统设计阶段等进行技术评审。评审技术包括桌面检查、走查、小组评审等方法，评审过程包括制定评审计划、评审角色，召开评审会议和进行验证分析等过程。

(5) 撰写设计文档。设计文档包括：系统概要设计报告(包括系统接口设计、运行设计、数据库设计、数据字典设计等)，系统详细设计报告(包括类图、时序图、状态图和部署图等)。

### 3. 构造阶段

构造阶段的目标是建构与演化可运作的系统版本。这个阶段完成细化阶段没有完成的任务以及系统的集成和部署。大部分需求的不稳定性已经在细化阶段澄清，所以在这个阶段需求的变化较少。

### 4. 交付阶段

交付阶段的目标是建立最终版本的软件系统，并交付给客户。

一般地，对于 RUP 开发方法，推荐迭代周期的长度为 2～6 周。

## 8.3　RUP 的工作流程

图 8-1 所示的每个循环阶段均包括九个工作流程：业务建模(Business Modeling)、需求获取(Requirements)、分析与设计(Analysis and Design)、实现(Implementation)、测试(Test)、部署(Deployment)、配置与变更管理(Configuration and Change Management)、项目管理(Project Management)、系统运行环境(Environment)。其中，前六项是软件工程工作，而后三项是管理与支持工作。对于各工作流程，大致作如下介绍：

### 1. 需求获取

需求获取的主要工作是建立待开发系统的用例模型，并通过多次迭代来完善它，然后进行初步的界面设计。

### 2. 分析

分析阶段主要是对需求阶段的用例模型进行细化。在需求获取阶段得到的用例是用面向用户的语言表达的，在分析阶段要使用面向开发人员的语言进行描述，这个阶段也叫"概要设计"阶段。

### 3. 设计

设计阶段是对"概要设计"阶段描述的需求结合具体的程序语言、操作系统、数据库技术等对接口、用户界面进行详细设计。

### 4. 实现

实现阶段是执行上面的设计结果，通过编写代码来实现系统。

### 5. 测试

每一次的迭代都要进行测试，包括编写测试计划、编写测试用例等。图 8-2 给出了 RUP 中测试工作流相关的角色，以及角色所负责的工作。

在实际工作中，RUP 模式的每个循环阶段中都经过如下五个核心工作流程的多次迭代(或叫"再工程")，如图 8-3 所示。

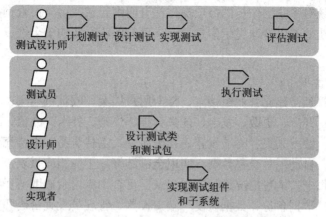

图 8-2　测试工作流相关的角色和责任

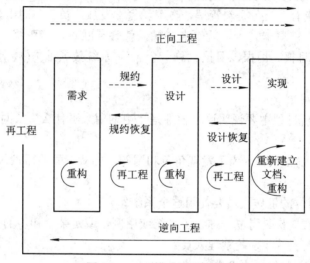

图 8-3　RUP 模式的再工程

## 8.4　RUP 开发案例

下面是一个关于食堂 IC 卡就餐系统的项目实例，我们将结合这个实例来描述 RUP 的开发过程。

### 1. 任务描述

食堂 IC 卡就餐系统是使用现代信息技术和自动控制技术的计算机网络系统。系统通过发行 IC 卡，作为电子钱包和货币，从而避免了小额现金支付的不方便和避免因收到假钞而引起不必要的纠纷。刷卡消费的扣款可在 1 秒内完成，从而极大地提高了收银速度，还因此避免了找零所浪费的时间。

系统要求：

(1) 数据传输采用加密、校验，提高安全性和可靠性，消费记录实时上传；

(2) 故障时进入记账模式，消费记录由存储器保存，并能将数据上传到数据库；

(3) 消费报表可灵活设置，可按日、旬、月、年或某个时间段、某个部门来进行查询；

(4) 本消费系统对系统操作员的每项操作都有明细记录，可方便查询；

(5) 对非本系统的卡以特殊提示信息显示，可靠保障系统的安全性。

## 2. 需求分析

系统的主要功能如下：

(1) 系统信息管理：建立营业组档案、持卡用户档案、收款机档案；

(2) 卡的管理：开户、更改、发卡、挂失解挂、注销、补卡、充值、统计等；

(3) 日常操作：数据采集、终端设置、挂失名单、上传交易、上传充值等；

(4) 营业汇总：自动汇总交易数据，实现金额结算，生成相应报表；

(5) 查询：对每一次消费情况进行实时记录，可查询卡内余额或消费记录；

(6) 系统维护：数据备份、数据恢复、端口设置、管理员设置密码和权限；

(7) 统计报表：就餐卡发行、各窗口机就餐数据、黑名单汇总、明细报表等。

系统的主要模块有：员工资料管理，员工就餐卡发放，员工临时卡发放，就餐卡充值，就餐卡挂失与解挂，就餐卡补卡，就餐卡补贴，就餐卡回收，消费统计，档口与业主的结算，营业报表分析(月报、周报、日报、总卡余额)，系统数据维护(数据初始化、备份、恢复、清除历史记录、日志管理等)。

### 1) 找出角色与用例

RUP 的需求分析过程主要说明这个软件是"由谁用来干什么"，即找出角色("谁")和用例("干什么")。

对于食堂 IC 卡就餐系统，为了发现角色和用例，要从下面的需求入手，为确定系统角色和用例打下良好基础。

(1) 有哪几个岗位的工作人员要使用这个系统？

这个问题的目的是获取岗位名称、子系统或用例，或是某个初步的类或对象。

回答：食堂售饭人员和系统管理人员。

(2) 公司的哪个部门使用系统？

回答：后勤食堂。

(3) 售饭人员在售饭时，从哪里开始，经过几个步骤，最后怎样才算完成了呢？

这个问题的目的是想得到子系统功能的进一步详细描述，是某子系统或整个系统数据处理的过程；可帮助得到数据流图、输入和输出信息；可以得到某功能模块名或对象名；可得到某个模块功能或某对象的动作。

回答：系统中每个消费者都有一张卡，在管理中心注册缴费，卡内记录着消费者的身份及余额。使用时将卡插入刷卡机则显示卡上金额，服务员按刷卡机上数字键，刷卡机(如图 8-4 所示)自动计算并显示消费额及余额。管理中心监视每一笔消费，可打印出消费情况的相关统计数据。

图 8-4 刷卡机

其他问题:

谁/什么从系统获得信息?

谁/什么向系统提供信息?

谁/什么支持、维护系统?

哪些其他系统使用此系统?

某岗位的工作人员用这个系统来做什么事? (这个问题的目的是想得到该岗位要做事情的具体描述, 可能是与该岗位相关的子系统的功能需求, 或某个用例的细化、某个类的方法功能。)

通过以上分析, 发现系统的角色是: 消费者(食堂就餐人员), 营业员(售饭人员、售饭机), 系统管理员。

角色希望系统做的每件事成为一个用例, 为了发现该用例, 我们可以尝试如下问题:

(1) 为什么营业员想要使用此系统?

(2) 系统管理员是否要创建、保存、更改、移动或读取系统的数据? 假如是, 为什么?

(3) 营业员在销售饭菜时, 能够容忍系统做出反应所需的最长的时间是什么?

目的: 得到有关速度要求的描述。

(4) 系统管理员在注册 IC 时需要的数据是什么?

目的: 得到与输入有关的及与其他系统的接口描述。

(5) 用户以前用过类似的系统吗? 如果用过, 请谈谈那些系统中最让你满意的方面和最让你不满意的方面。

目的: 得到用户对新系统的一些改进期望。

(6) 请问你期望新系统的外貌是怎样的? 新系统在哪些设备上运行?

目的: 可以得到用户对新系统界面的一些要求, 可据此创建一个界面原型让用户感受, 请用户提出进一步的建议后再确定系统界面。

2) 用例描述

用例过程主要是描述角色什么时候使用系统, 用例什么时候发生。对于本例如表 8-1 所示。

表 8-1　用 例 描 述

| 角　　色 | 用　　例 |
|:---:|:---:|
| 消费者(IC 卡) | 消费事项, 卡管理事项 |
| 营业员(或说售饭机、POS 机或收款机) | 消费事项, 经营结算事项 |
| 管理员(服务器) | 消费事项, 卡管理事项, 经营结算事项 |

### 3. 系统建模

1) 系统的用例图

对于 IC 卡就餐系统而言, 它由三个用例组成, 每个用例由二元关联类的事项组成, 即消费者与系统服务器之间的 "卡的管理事项", 储值卡与收款机之间的 "消费事项", 以及系统服务器与服务员的 "经营结算事项"。

整个系统的角色是: 消费者、管理员和营业员。图 8-5 是本系统的用例图。

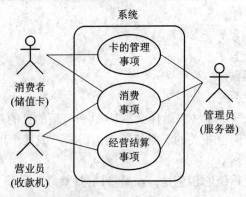

图 8-5 系统的用例图

从每个用例行为中找出类，以及从每个类中找出属性和操作。

(1) 卡的管理事项：

类：注册。

属性：IC 卡的类型，主人，性别，单位。

操作：数据记录，数据修改，数据删除。

(2) 消费事项：

类：消费。

属性：IC 卡号，消费金额。

操作：插入卡，输入金额。

(3) 结算事项：

类：结算。

属性：消费金额，饭菜名称，价格。

操作：结算。

2) 系统的序列图

序列图显示对象之间的动态合作关系，它强调对象之间消息发送的顺序，同时显示对象之间的交互。

在 IC 卡就餐系统中，系统服务器处于主动位置，它管理相关的事项和其他类，从系统服务器、储值 IC 卡、收款机三类活动的相关对象开始进行执行路线追踪，发现系统中各种消息连接。图 8-6 的序列图对消费事项个案进行了更为详细的描述。

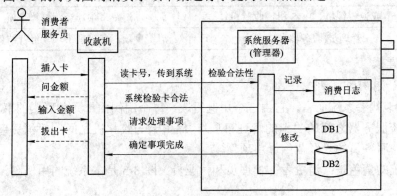

图 8-6 系统序列图

3) 系统的部署图

部署视图描述位于节点实例上的运行组件实例的安排。节点是一组运行资源，如计算机、设备或存储器等，部署视图用部署图来表达。图 8-7 表示系统中各组件和每个节点包含的组件。

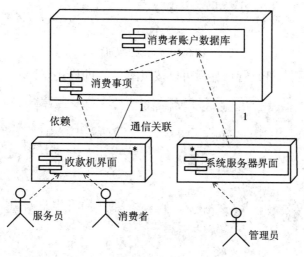

图 8-7　部署视图

### 4. 系统分析与设计

1) 运行环境

IC 卡就餐系统的运行环境如下：

平台：Windows Server 服务器、SQL Server 2003 数据库。

硬件：使用 485 通信网卡通信，刷卡机通过网线连接 485 接口卡，485 卡另一端由串口线与计算机串口相连，充值机由配套连接线与计算机串口和键盘接口相连，如图 8-8 所示。

2) 界面设计

界面包括以下七种，具体设计如下：

(1) 登录界面。登录界面可以按照图 8-9 的样式设计。

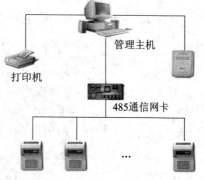

图 8-8　IC 卡就餐系统硬件连接图

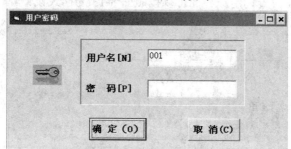

图 8-9　系统登录界面

(2) 系统主界面。系统主界面的菜单风格可以按照图 8-10 的样式设计。

图 8-10　系统主界面

(3) 开户管理界面。开户管理界面可以按照图 8-11 的样式设计。

图 8-11　开户管理界面

(4) IC 卡充值界面。IC 卡充值界面可以按照图 8-12 的样式设计。

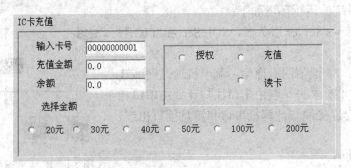

图 8-12　IC 卡充值界面

(5) 查询用户界面。查询用户界面可以按照图 8-13 的样式设计。

图 8-13　查询用户界面

(6) 部门信息维护界面。部门信息维护界面可以按照图 8-14 的样式设计。

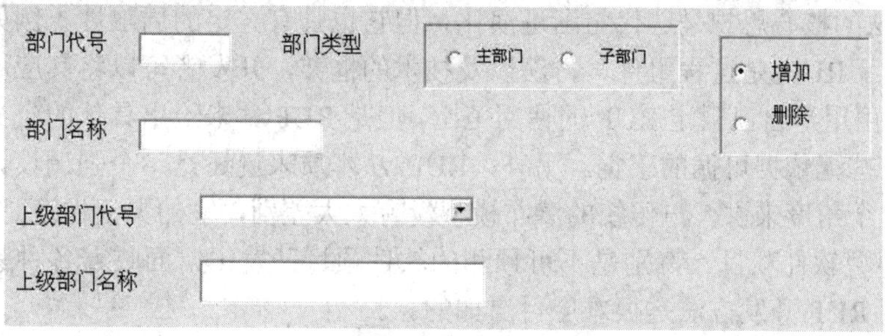

图 8-14 部门信息维护界面

(7) 系统设置界面。系统设置界面包括终端机(售饭机)设置界面(见图 8-15)、操作权限设置界面(见图 8-16)。

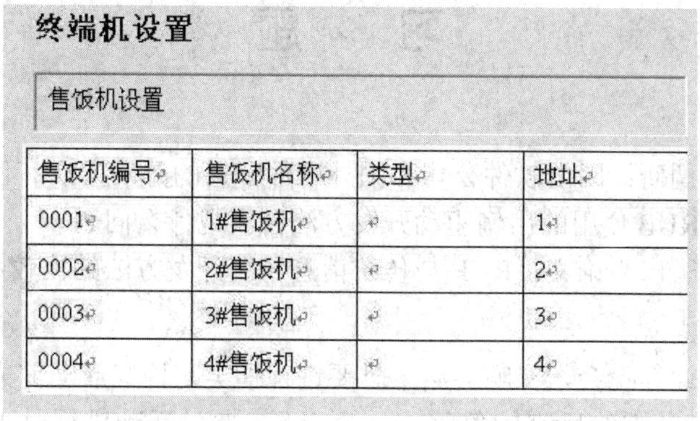

图 8-15 终端机设置界面

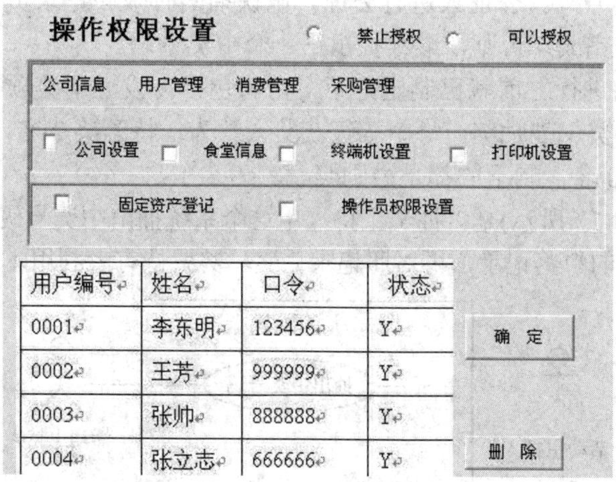

图 8-16 操作权限设置界面

# 本 章 小 结

模型对于理解问题、沟通、建立企业模型、预备文档和设计程序及数据库都是十分有用的。建模促进了对需求更好的理解,它可帮助我们设计更好和更易于维护的系统。

如何灵活规避各种项目风险,最大化地优先满足用户并能够有效地控制项目开发过程,做好项目过程中的知识管理,是每一个软件项目管理者都需要深入思考的问题。

RUP 方法的核心思想是迭代与渐进演化，但它也具有一定的局限性。例如，它过于理想化和理论化。RUP 是过程组件、方法以及技术的框架，开发者可以将其应用于任何特定的软件项目，由用户自己限定 RUP 的使用范围。但是 RUP 并未给出具体的自身裁减及实施策略，使人有些无依据可循的感觉。另外，RUP 从本质来说还是一个强调设计和规范的软件方法，从这个角度来讲，与传统的瀑布模型没有太大差别，它的灵活性还是相对较弱的。尤其在一些小型软件项目、特别是不可预测的软件项目开发中，面临着各种紧急需求和时间压力，使用 RUP 开发方法是很难应付自如的。

但是在另一方面，RUP 强调对知识的收集、整理和加工定义，强调在软件开发的时候要有好的体系结构。所以它还是很利于知识的积累和共享的。

# 习　　题

## 一、讨论题

1．分组讨论并调研：国内软件公司和国外软件公司的开发方法有何区别？

2．分组讨论：RUP 使用的用例驱动开发方法会出现什么问题？

3．分组讨论并写出小论文：RUP 与传统信息系统开发方法的比较和研究。

## 二、实训题

1．北京市举办迎春晚会，在晚会结束时要进行抽奖，抽奖活动前先制定抽奖规则，准备奖票和奖品，发放奖票给所有的角色，一般一人一票。活动进行时由主持人或者邀请一位代表抽出一个中奖号码。公证人进行公证，确认抽奖有效。记录员记录中奖信息。如果中奖人数足够，抽奖完成，否则，继续抽出下一个中奖号码。

抽奖规则在活动进行之前就已制定好了，内容包括：设五个奖项等级，即特等奖、一等奖、二等奖、三等奖、鼓励奖；每个等级获奖人数为：特等奖 2 名，一等奖 20 名，二等奖 50 名，三等奖 100 名，剩下的都是鼓励奖。

抽奖程序(如图 8-17 所示)是：抽奖主持人用这个系统抽出中奖号码，兑奖人员用这个系统打印本次活动所有的中奖记录，再对照记录兑奖，奖票持有者利用本系统查询是否获奖。

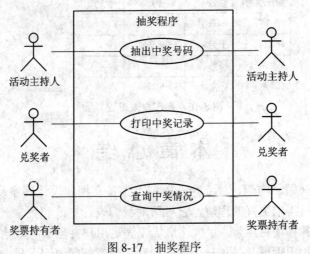

图 8-17　抽奖程序

请读者完成：

(1) 从上面的系统中分析出类和对象有哪些。

(2) 画出系统 UML 的类图、对象图和用例图。

2．对于电梯的如下描述，请画出 UML 的状态图和时序图。

(1) 电梯的运行规则是：可到达每层。

(2) 每部电梯的最大乘员量均为 K 人(K 值可以根据仿真情况在 10～20 人之间确定)。

(3) 仿真开始时，电梯随机地处于其符合运行规则的任意一层，为空梯。

(4) 仿真开始后，有 N(N>20)人在该国际贸易中心的 1 层开始乘梯活动。

(5) 每个人初次所要到达的楼层是随机的，开始在底层等待电梯到来。

(6) 每个人乘坐电梯到达指定楼层后，再随机地去往另一楼层，依此类推，当每人乘坐过 L 次(L 值可以根据仿真情况在 3～10 次之间确定)电梯后，第 L + 1 次为下至底层并结束乘梯行为。当所有人结束乘梯行为时，本次仿真结束。

(7) 电梯运行速度为 S 秒/层(S 值可以根据仿真情况在 1～5 之间确定)，每人上下时间为 T 秒(T 值可以根据仿真情况在 2～10 之间确定)。

(8) 电梯运行的方向由先发出请求者决定，不允许后发出请求者改变电梯的当前运行方向，除非是未被请求的空梯。

3．一个顾客从自动售货机上购货的过程描述如下，请画出 UML 的状态图和时序图。

(1) 自动售货机(VM)可售三种商品：可乐(每听\$0.25)、咖啡(每听\$0.30)、餐巾纸(每包\$0.05)。自动售货机上每种商品的示意图形下方都有一个按钮。一台 VM 中最多能够容纳 NC 听可乐、NF 听咖啡、NT 包餐巾纸。

(2) 顾客使用 VM 购买商品时，先从投币口投入硬币(共有三种硬币：\$0.05、\$0.10、\$0.25)，在投入的硬币总值达到或超过其欲购商品之价格后，再按下对应商品的按钮，VM 即从出货口自动吐出一件商品，并从找币口找零。

(3) 如果顾客在其投入的硬币总值没有达到其欲购商品之价格时就按下了对应商品的按钮，或者最近一次投币 30 秒后既不继续投币，也不按下商品按钮，VM 均从找币口吐出与该顾客已投入的硬币总值等值的硬币，但不吐出商品。

(4) 如果顾客欲购之商品已经售完，则在顾客按下该商品的按钮后，VM 从找币口吐出与该顾客已投入的硬币总值等值的硬币。

(5) 当某种商品还剩 NL 听/包时，VM 即自动发出短信，将 VM 的代号和缺货的商品名称通知管理人员。管理人员将在时间 TM 后收到短信，再用时间 TS 到达 VM，并使 VM 的所有商品存货都达到最大容纳量，取走 VM 中的硬币，并留有找零的硬币：\$0.05、\$0.10、\$0.25 分别留 C5、C10、C25 枚。

# 第 9 章　软　件　编　程

　　软件编码是软件工程过程中软件设计阶段的下一个重要阶段。这个阶段的主要任务是将软件设计阶段的成果转换成用某种程序设计语言编写的计算机程序，也叫软件编程。

　　编程过程所使用的程序设计语言以及编程风格将对程序的正确性、可理解性、可靠性、可维护性等方面以及整个项目产生深刻的影响，从而最终影响到软件系统的质量。本章内容不是如何实现编码，而是介绍程序的算法、效率和容错等内容，从而达到提高程序质量的目的。

## 9.1　程序设计语言的发展与分类

　　既然编码是用程序设计语言实现的，那么我们就从程序语言的发展和分类开始介绍，使我们了解哪些语言适用于哪些项目环境，以便选择合适的语言来编程。

### 9.1.1　程序设计语言的发展

　　自 20 世纪 60 年代以来，计算机学者们不断推出新的计算机语言以适应新的时代要求，到目前为止，世界上公布的程序设计语言已有上千种之多，其中很多用于特定项目的开发，只有一少部分得到了广泛的推广和应用。

　　按照语言的发展历程分类，程序设计语言的发展大致分为四代(四个阶段)，它们分别是机器语言、汇编语言、高级语言和第四代语言，如图 9-1 所示。

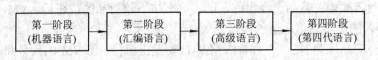

图 9-1　程序设计语言的发展

#### 1. 机器语言

　　机器语言是随着计算机的发明而产生的第一代计算机语言，是一种直接和机器打交道的语言。其指令代码由操作码和操作数的绝对地址构成，指令(由 0 和 1 组成)无须翻译和解释，可以直接执行，所以程序执行速度很快。

　　但是这种由 0 和 1 两个码组成的程序序列太长，不直观，而且机器语言往往与其运行的特定机器相对应。语言指令与机器的硬件操作有一一对应关系，不同的计算机系统，机器语言也不同，只有少数计算机专业人员才能掌握。因此，这种语言只是在计算机发展的早期使用过，现在一般不直接用来进行程序设计。

这种语言的特点是：执行速度快，代码不易看懂，编写起来困难。

### 2．汇编语言

汇编语言是第二代语言，属于低级程序设计语言。它是为了改善机器语言的不直观性而发展起来的基于助记符的语言，每个操作指令通过特定的易于理解的助记符来表达。汇编语言与机器指令之间基本上是一一对应的关系，某些宏汇编语言的宏指令可以与一串特定的机器指令相对应，以表达某些常用的操作。汇编语言也是面向具体机器的，但是机器又不能直接识别，因此程序要经过翻译，转换成机器可以识别的机器语言才能运行。由于汇编语言涉及计算机的硬件部分，因而这种语言的特点是：编写复杂，难学难用，容易出错，无法移植，不易维护。因此目前只有在特殊需要时才直接使用这种语言。

### 3．高级语言

高级语言在运行时需要有一种特殊的程序来解释其每一个语句的含义，即解释程序，或是把高级语言翻译成机器语言程序，即编译程序。

目前开发工具的发展趋势具体有如下几个方向：

(1) 统一的接口，提供可移植性。计算机技术发展很快，所以要求产品能适应各种软、硬件环境，也就是应具有良好的可移植性。

(2) 更注重用户界面的设计。用户在使用开发工具开发系统时，首先接触的是界面，界面设计的好坏直接影响用户使用系统的积极性，所以界面的设计要能最大程度地方便用户，并且顺应发展潮流。

(3) 更多考虑维护要求。维护工作是一项非常重要的工作，对开发者而言需要消耗大量的时间而又无实际的效益，而用户一方又由于运行过程中各类变化和要求离不开维护，所以考虑了维护，软件才会具有更强大的生命力。

### 4．第四代语言(简称 4GL)

4GL 是非过程化语言，编码时只需说明"做什么"，不需描述算法细节。

数据库查询和应用程序生成器是 4GL 的两个典型应用。用户可以用数据库查询语言(SQL)对数据库中的信息进行复杂的操作。用户只需将要查找的内容在什么地方、根据什么条件进行查找等信息告诉 SQL，SQL 将自动完成查找过程。应用程序生成器则是根据用户的需求"自动生成"满足需求的高级语言程序。

第四代程序设计语言是面向应用，为最终用户设计的一类程序设计语言。它具有缩短应用开发过程、降低维护代价、最大限度地减少调试过程中出现的问题以及对用户友好等优点。

真正的第四代程序设计语言应该说还没有出现。目前，所谓的第四代语言大多是指基于某种语言环境上具有 4GL 特征的软件工具产品，如 System Z、PowerBuilder、FOCUS 等。

具体地讲，第四代语言具有如下特征：

(1) 语言的使用者是一般用户，而不是计算机专业技术人员。

(2) 能提供一组高效、非过程化的命令基本语句，编码时用户只需用这些命令说明"做什么"，而不必描述其实现的具体细节。

(3) 具有很强的数据管理能力，能对数据库进行有效的存取、查询和相关操作。

(4) 是多功能、一体化的语言。除必须含有控制程序逻辑和实现数据库操作的语句外，还应有报表生成处理、表格处理、图形图像处理等能够实现数据运算和统计分析功能的语句，以适应多种应用开发的需要。

## 9.1.2　程序设计语言的分类

高级语言种类繁多，可以从应用特点和对客观系统的描述两个方面对其进一步分类。

### 1. 从应用角度分类

从应用角度来看，高级语言可以分为基础语言、结构化语言和专用语言。

#### 1) 基础语言

这些语言创始于 20 世纪 50 年代或 60 年代。其特点是出现的早、应用广泛、有大量软件库，为早期的程序员广泛接受和熟悉，所以称为基础语言。

基础语言也称通用语言。它历史悠久，流传很广，拥有众多的用户，为人们所熟悉和接受。属于这类语言的有 FORTRAN、COBOL、BASIC、ALGOL 等。

FORTRAN 语言是曾在国际上广为流行、也是使用得最早的一种高级语言，从 20 世纪 90 年代到现在，其在工程与科学计算中占有重要地位，备受科技人员的欢迎。BASIC 语言是在 20 世纪 60 年代初为适应分时系统而研制的一种交互式语言，可用于一般的数值计算与事务处理。BASIC 语言结构简单，易学易用，并且具有交互能力，成为许多初学者学习程序设计的入门语言。

#### 2) 结构化语言

20 世纪 70 年代以来，结构化程序设计和软件工程的思想日益为人们所接受和欣赏。这些结构化语言直接支持结构化的控制结构，具有很强的过程结构和数据结构能力，PASCAL、C、Ada 语言就是它们的突出代表。

PASCAL 语言是第一个系统地体现结构化程序设计概念的现代高级语言，软件开发的最初目标是把它作为结构化程序设计的教学工具。由于它模块清晰、控制结构完备、有丰富的数据类型和数据结构、语言表达能力强、移植容易，不仅被国内外许多高等院校定为教学语言，而且在科学计算、数据处理及系统软件开发中都有较广泛的应用。

C 语言功能丰富，表达能力强，有丰富的运算符和数据类型，使用灵活方便，应用面广，移植能力强，编译质量高，目标程序效率高，具有高级语言的优点。同时，C 语言还具有低级语言的许多特点，如允许直接访问物理地址，能进行位操作，能实现汇编语言的大部分功能，可以直接对硬件进行操作等。用 C 语言编译程序产生的目标程序，其质量可以与汇编语言产生的目标程序相媲美，因此 C 语言具有"可移植的汇编语言"的美称，成为编写应用软件、操作系统和编译程序的重要语言之一。

#### 3) 专用语言

专用语言是为某种特殊应用而专门设计的语言，通常具有特殊的语法形式。一般来说，这种语言的应用范围狭窄，移植性和可维护性不如结构化程序设计语言。目前使用的专业语言已有数百种，应用比较广泛的有 APL 语言、Forth 语言、LISP 语言、PROLOG 语言。

### 2. 根据客观系统的描述分类

根据描述客观系统方式的不同，程序设计语言可以分为面向过程语言和面向对象语言。

1) 面向过程语言

面向过程的语言是把问题看作一系列需要完成的任务，函数则用于完成这些任务，解决问题的焦点集中于函数。其概念最早由 E. W. Dijikstra 在 1965 年提出，是软件发展的一个重要里程碑。它的主要观点是采用自顶向下、逐步求精的程序设计方法，使用三种基本控制结构构造程序，即任何程序都可由顺序、选择、循环三种基本控制结构构造。

以"数据结构+算法"程序设计范式构成的程序设计语言，称为面向过程语言。这类语言以 C 语言、FORTRAN 语言为代表。

2) 面向对象语言

20 世纪 80 年代以来，面向对象语言像雨后春笋一样大量涌现，现已形成两大类面向对象语言。

一类是纯面向对象语言，着重支持面向对象语言方法研究和快速原型的实现。这类语言以 Delphi、Visual Basic、Java 语言为代表。

Delphi 语言具有可视化开发环境，提供面向对象的编程方法，可以设计各种具有 Windows 风格的应用程序(如数据库应用系统、通信软件和三维虚拟现实等)，也可以开发多媒体应用系统。

Visual Basic 语言简称 VB，是为开发应用程序而提供的开发环境与工具。它具有很好的图形用户界面，采用面向对象和事件驱动的新机制，把过程化和结构化编程集合在一起。它在应用程序开发中采用图形化构思，无需编写任何程序，就可以方便地创建应用程序界面，且与 Windows 界面非常相似，甚至是一致的。

Java 语言是一种面向对象的、不依赖于特定平台的程序设计语言，它具有简单、可靠、可编译、可扩展、多线程、结构中立、类型显示说明、动态存储管理、易于理解等特点，是一种理想的、用于开发 Internet 应用软件的程序设计语言。Java 语言的优势在于，处理复杂的业务逻辑、数据几乎是第一选择，比如大型的电子商务网站选择 Java 是最佳选择，并且 Java 拥有大的商业公司支持。目前移动互联网领域的开发以及 Android 的主力开发语言也是 Java 语言。

还有一类混合型面向对象语言，是在过程语言的基础上增加了面向对象机制，如 C++、C#、PHP 等语言。混合型面向对象语言的目标是提高运行速度和使传统程序员容易接受面向对象语言思想。成熟的面向对象语言通常都提供丰富的类库和强有力的开发环境。

PHP 语言的语法相对简洁，而且开发效率高，并且对于业务开发具有得天独厚的优势。要知道 Facebook、腾讯、微博都是 PHP 领域的超级大户，如果不考虑做底层应用，那么 PHP 无疑是最佳选择。

在桌面开发领域，C#已经是绝对的王者。当当、京东商城、CSDN、58 同城、凡客、招商银行等知名网站都和 C#有着极大的渊源。

Java 与 C#相比较，就形式而言，B/S 还是 Java 更具优势，C#的优势目前更多集中在 C/S 上。

随着人工智能的火热，Python 语言、函数式编程也开始流行，而且 Python 语言语法更加简洁，目前也变得越来越强大。Google 的 Go 语言、Apple 的新语言 Swift 语言，其实从语言的角度来说都是非常不错的语言。

# 9.2　程序设计语言的选择

为某个特定开发项目选择程序设计语言时，既要从技术角度、心理学角度评价和比较各种语言的适用程序，又必须考虑现实可能性。有时需要做出某种合理的折中。通常在程序设计语言的选择上，主要应考虑以下几个方面的问题：

**1．应用领域**

各种程序设计语言都有自己适用的领域，在选择时应根据应用的领域发挥各种语言的专长。如 COBOL、Basic 适用于事务处理；C 语言适合系统软件开发；Ada 适用于实时并号系统；FoxBase、SQL 在大量的数据库操作方面有优势；LISP、PROLOG 适合于人工智能应用领域。

在互联网领域，HTML + CSS + JavaScript、Java、PHP、C#都是不错的选择。

**2．过程与算法的复杂程度**

有些语言如 COBOL、数据库语言 SQL、FoxBase 只能支持简单的数值运算，而 Fortran、Basic 等在算法上有优势。

**3．数据结构和数据类型的考虑**

C 语言和 Ada 有较完备的数据结构和丰富的数据类型,而 Fortran、Basic 只提供简单的数据结构，且数据类型较少。

**4．编码及维护的工作量与成本**

一般选用适当的专用语言可以导致较少的编码工作量，但编码量少，有时会使程序的可读性下降，造成维护困难。应避免单纯追求编码量少，还要看到给今后的系统维护所带来的工作量。

**5．软件兼容性的要求**

一般情况，用户可能拥有不同的机器、不同的系统，这样就存在不同系统之间的兼容问题，一定要尽量选择兼容性好的语言来开发新的系统。

**6．有多少可用的支撑软件**

不同的程序设计语言所具有的支持软件设计与开发的工具有所不同，有的语言有众多编码支持工具以使编程工作量减少，有的语言有支持软件开发周期多个阶段的软件工具。

**7．系统用户的需求**

如果程序的维护由用户负责，用户一般会要求开发者用用户熟悉的语言来编写程序，这个要求具有它的合理性。

**8．程序设计人员的知识水平**

要考虑程序设计人员对语言的熟练程度和实践经验，即程序员对该语言的驾驭能力，否则往往会适得其反。

**9．程序设计语言的特性**

要对程序设计语言的各方面特性如数学运算、字符处理、数据类型、文件管理、交互方式等进行全面的分析和比较,以扬长避短,充分利用语言优势。

**10. 系统规模**

有些程序设计语言如 Basic 虽然使用方便,但不适合于开发大规模的系统,对于某些极大规模的系统,也许设计一种面向这个系统的专用语言更有效且成本更低。

**11. 系统的效率要求**

高级语言易学易用,编码速度快,且易于维护,但这种软件编码生产率提高的代价可能是使系统运行效率降低,即运行时间长,占用存储空间大。如果系统在运行效率上确实有某种特殊要求,如实时系统,则可以考虑用选定的高级语言与高效率的汇编语言、C 语言等进行混合编写,从而满足系统的效率要求。

程序设计没有绝对好与绝对差之分,每种语言都有自己的特点和适应范围,开发人员应根据软件开发项目的特点和实际需要,选择最适用的语言,以编写出符合需要的程序。

# 9.3　程序设计风格

编写程序除了能够执行外,很多时候还要提供给有关项目人员(如程序员、测试工程师、系统分析师、项目经理)去阅读。所以为了提高程序的可读性,在程序设计风格方面应养成一个好的习惯。这里给出 Java 语言程序的编写风格的建议,供读者参考。

Java 语言是面向对象的语言中的一种代表性语言,它的突出特点是能够跨平台,所以在企业应用中 Java 语言的使用非常普遍。

(1) 类名首字母应该大写。字段、方法以及对象(句柄)的首字母应小写。对于所有标识符,其中包含的所有单词都应紧靠在一起,而且大写中间单词的首字母。例如 ThisIsAClassName、thisIsMethodOrFieldName。

若在定义中出现了常数初始化字符,则大写 static final 基本类型标识符中的所有字母。这样便可标志出它们属于编译期的常数。

Java 包(Package)属于一种特殊情况:它们全都是小写字母,即便中间的单词亦是如此。对于域名扩展名称,如 com、org、net 或者 edu 等,全部都应小写(这也是 Java 1.1 和 Java 1.2 的区别之一)。

(2) 对于自己创建的每一个类,都考虑置入一个 main(),其中包含了用于测试那个类的代码。为使用一个项目中的类,我们没必要删除测试代码。若进行了任何形式的改动,可方便地返回测试。这些代码也可作为如何使用类的一个示例使用。

(3) 应将方法设计成简要的、功能性单元,用它描述和实现一个不连续的类接口部分。理想情况下,方法应简明扼要。若长度很大,可考虑通过某种方式将其分割成较短的几个方法。这样做也便于类内代码的重复使用(有些时候,方法必须非常大,但它们仍应只做同样的一件事情)。

(4) 设计一个类时,应设身处地地为客户和程序员考虑一下(类的使用方法应该是非常明确的)。然后,再设身处地地为管理代码的人员考虑一下(预计有可能进行哪些形式的修改,想想用什么方法可把它们变得更简单)。

使类尽可能短小精悍,而且只解决一个特定的问题。下面是对类设计的一些建议:

① 对于一个复杂的开关语句，应考虑采用"多形"机制；

② 数量众多的方法涉及类型差别极大的操作时，应考虑用几个类来分别实现；

③ 当许多成员变量在特征上有很大的差别时，应考虑使用几个类。

(5) 让一切东西都尽可能地"私有"(private)，这样可使类库的某一部分(一个方法、类或者一个字段等)"公共化"。

(6) 警惕"巨大对象综合征"。对一些习惯于顺序编程思维且初涉面向对象领域的新手，往往喜欢先写一个顺序执行的程序，再把它嵌入进一个或两个巨大的对象里。根据编程原理，对象表达的应该是应用程序的概念，而非应用程序本身。

(7) 尽可能细致地加上注释，并用 javadoc 注释文档语法生成自己的程序文档。

(8) 当客户程序员用完对象以后，若你的类要求进行任何清除工作，可考虑将清除代码置于一个良好定义的方法里，采用类似于 cleanup()这样的名字，明确表明自己的用途。

(9) 若在初始化过程中需要覆盖(取消)finalize()，请记住调用 super.finalize()(若 Object 属于用户的直接超类，则无此必要)。

(10) 尽量使用接口 interfaces，不要使用抽象类 abstract。

(11) 用继承及方法覆盖来表示行为间的差异，而用字段表示状态间的区别。

(12) 不要"过早优化"。首先让程序运行起来，再考虑使其变得更快——但只有在自己必须这样做、而且经证实在某部分代码中的确存在一个性能瓶颈的时候，才应进行优化。

(13) 阅读代码的时间比写代码的时间多得多。思路清晰的设计可获得易于理解的程序，但注释、细致的解释以及一些示例往往具有不可估量的价值。无论对你自己，还是对后来的人，它们都是相当重要的。

(14) 良好的设计能带来最大的回报。简言之，对于一个特定的问题，通常会花较长的时间才能找到一种最恰当的解决方案。但一旦找到了正确的方法，以后的工作就轻松多了，再也不用经历数小时、数天或者数月的痛苦挣扎。

# 9.4  程序设计算法与效率

## 9.4.1  程序设计算法

任何事情都有一定的步骤，为解决一个问题而采取的方法和步骤就称为算法。任何项目的逻辑都应该有个好的算法， 并符合算法的特点：有穷性、确定性、 有输入输出、有效性。

解决同样的问题，采用不同的算法，会使程序的运行效率有所不同。对于程序设计人员，采用对计算机运行来讲正确、高效的程序算法，是进行有效率的程序设计的关键。

## 9.4.2  程序的运行效率

效率主要指计算机运行时间和存储空间两个方面。时间效率主要体现在响应时间上，从接受操作者的命令到输出结果所需的时间称为系统对该项操作的响应时间，这段时间越短越好。响应时间主要取决于数据的组织和算法的优劣。空间效率主要体现在有效利用存储设备上。

程序设计时在保证程序可读性的前提下，提高效率应注意以下几点：

(1) 追求效率建立在不损害程序可读性或可靠性基础之上，要先使程序正确，再提高程序效率。

(2) 尽量选用好的算法。

(3) 仔细研究循环嵌套，确定是否有语句可以从内层移到循环体外。

(4) 尽量避免使用多维数组。

(5) 尽量避免使用指针和复杂的表。

(6) 充分利用语言环境提供的函数。

(7) 使用有良好优化特性的编译程序，以生产高效的目标代码。

# 9.5 容错程序设计

软件系统的质量很大程度上受编程质量的影响，编程的质量不仅体现在源程序语法的正确性上，还受源程序是否具有良好的结构性，是否具有良好的程序设计风格的影响。

目前，编程的质量主要从以下几个方面衡量：正确性、可读性、可维护性、可靠性。

提高软件质量和可靠性的技术大致可分为两类：

(1) 避开错误技术，即在开发的过程中不让差错潜入软件的技术；

(2) 容错技术，即对某些无法避开的差错，使其影响减至最小的技术。

避开错误技术是进行质量管理，实现产品应有质量所必不可少的技术，也就是软件工程中所讨论的先进的软件分析和开发技术与管理技术。

无论使用多么高明的避开错误技术，也无法做到完美无缺和绝无错误，这就需要采用容错技术。实现容错的主要手段是：冗余程序设计和防错程序设计。

容错系统的设计过程包括以下设计步骤：

(1) 按设计任务要求进行常规设计，尽量保证设计的正确性。

(2) 对可能出现的错误分类，确定实现容错的范围。

(3) 按照成本—效益最优原则，选用某种冗余手段来实现对各类错误的屏蔽。

(4) 分析或验证上述冗余结构的容错效果。如果效果没有达到预期的程度，则应重新进行冗余结构设计。如此重复，直到有一个满意的结果为止。

## 9.5.1 冗余程序设计

实现容错技术的主要手段是冗余，通常冗余技术分为四类：结构冗余、信息冗余、时间冗余、冗余附加技术。

### 1. 结构冗余

结构冗余是常用的冗余技术。按其工作方式，又分为静态冗余、动态冗余和混合冗余三种。

(1) 静态冗余：无需对错误进行处理，在运行时也不必对模块进行处理，而使用"屏蔽"错误的方法使错误不出现。

(2) 动态冗余：备用多个模块，在系统运行出错后才运行冗余模块。例如，大型数据库系统的服务器的安全措施使用的双服务器，一个主服务器，一个辅助服务器——冗余服务器，正常工作时使用主服务器，辅助服务器每隔一个时间段(如 5 秒)访问一次主服务器，如果正常，则仍然定时访问，同时进行双机热备份，一旦发现主服务器不正常，马上启用冗余服务器，继续工作，让正在工作的业务人员感觉不到后台出了问题。

(3) 混合冗余：结合静态冗余和动态冗余的优点来进行冗余。

**2．信息冗余**

信息冗余为检查或纠正信息在运算或传输中的错误而外加一部分信息，这种现象称为信息冗余。

**3．时间冗余**

时间冗余是指以重复执行指令(指令复执)或程序(程序复算)来消除瞬时错误带来的影响。

**4．冗余附加技术**

冗余附加技术是指为实现上述冗余技术所需的资源和技术，包括程序、指令、数据、存放和调动它们的空间和通道等。

在硬件系统中，冗余技术是指提供额外的元件或系统，使其与主系统并行工作。有两种情况：

(1) 并行冗余(也叫主动冗余)。让连接的所有元件都并行工作，当有一个元件出现故障时，它就退出系统，而由冗余元件接续它的工作，维护系统的运转，有时将这种结构称之为自动重组结构。

(2) 备用冗余(也叫被动冗余)。系统最初运行时，由原始元件工作，当该元件发生故障时，由检测线路(有时由人工完成)把备用元件接上(或把开关拨向备用元件)，使系统继续运转。

在软件系统中，采用冗余技术是指要解决一个问题必须设计出两个不同的程序，包括采用不同的算法和设计，而且编程人员也应该不同。

## 9.5.2　防错程序设计

防错程序设计可分为主动式和被动式两种。

**1．主动式防错程序设计**

主动式防错程序设计是指周期性地对整个程序或数据库进行搜查或在空闲时搜查异常情况。主动式程序设计既可在处理输入信息期间使用，也可在系统空闲时间或等待下一个输入时使用。以下所列出的检查均适合于主动式防错程序设计：内存检查、标志检查、反向检查、状态检查、连接检查、时间检查、其它检查。

**2．被动式防错程序设计**

被动式防错程序设计思想是指必须等到某个输入之后才能进行检查，也就是达到检查点时，才能对程序的某些部分进行检查。

在被动式防错程序设计中所要进行的检查项目如下：

(1) 来自外部设备的输入数据，包括范围、属性是否正确；

(2) 由其它程序所提供的数据是否正确；

(3) 数据库中的数据，包括数组、文件、结构、记录是否正确；

(4) 操作员的输入，包括输入的性质、顺序是否正确；

(5) 栈的深度是否正确；

(6) 数组界限是否正确；

(7) 表达式中是否出现零分母情况；

(8) 正在运行的程序版本是否是所期望的(包括最后系统重新组合的日期)；

(9) 通过其它程序或外部设备的输出数据是否正确。

# 9.6 《程序说明书》的书写格式

虽然软件设计给出了各个模块——函数或过程(或者类)的结构，但是实际软件编程完毕后，可能与原设计不完全一致，或者说更加详细了。从软件维护的角度出发，在软件编程完毕后，应该写出《程序说明书》，该说明书用于公司或者开发单位内部将来对软件的修改维护，不提供给客户，它与《系统维护说明书》或者《使用说明书》不同，因为它的内容对客户是保密的。

### 1. 结构化程序的说明书

对于使用结构化程序设计方法设计的程序，程序说明书的内容有：

1) *程序总体结构描述*

(1) 主程序名称。

(2) 系统中划分的函数或者过程名清单，如表9-1所示。

#### 表9-1 模块清单

| 序    号 | 函数或者过程名 | 所在的模块名 | 所在文件的物理位置 |
|---|---|---|---|
|  |  |  |  |

注：一个模块可能含有几个函数或者过程。

2) *模块内部描述*

给出主程序和每个模块具体的实现功能和算法，如表9-2所示。

#### 表9-2 模块功能清单

| 模    块    号 | 函数或者过程名 | 功能和算法描述 |
|---|---|---|
|  |  |  |

注：这里的序号要与表9-1相对应。

### 2. 面向对象程序的说明书

对于面向对象的程序，程序说明书的内容如下：

1) *程序总体结构描述*

(1) 主程序名称。

(2) 系统中划分的类名清单，如表9-3所示。

表 9-3　类 名 清 单

| 类的序号 | 类　　名 | 所在文件的文件名 | 所在的文件物理位置 |
|---|---|---|---|
|  |  |  |  |

2) 类结构描述

给出主程序和每个类的结构，如表 9-4 所示。

表 9-4　类 结 构 清 单

| 序　　号 | 类　　名 | 属性名称 | 方法名称和描述 |
|---|---|---|---|
|  |  |  |  |

注：这里的序号要与表 9-3 相对应。

# 本 章 小 结

本章介绍了程序设计语言的发展。语言的发展主要经历了机器语言、汇编语言、高级语言、第四代语言等几个阶段。在软件编程之前，从软件开发的角度考虑选用哪种程序设计语言来编程是十分重要的。一种合适的语言能减少编程的工作量，缩短编程的时间，并且可增强程序的可读性和可维护性。一般要结合程序设计语言本身的特点(如语言的适用领域、语言的过程与算法的复杂程度、语言对数据的管理能力等)以及开发人员对语言的熟练程度、系统的规模等来选择程序设计语言。

最后还给出了《程序说明书》的编写格式。

# 习　　题

## 一、填空题

1. 程序设计语言的简洁性是指人们必须记住_____的数量。人们要掌握一种语言，需要记住的成分数量越多，简洁性越_____。

2. 编码是将_____阶段得到的_____描述转换为基于某种计算机语言的程序，即源程序代码。

3. 追求效率建立在不损害_____或_____的基础上。

4. 效率是一个_____要求，目标在_____给出。

5. 通常考虑选用语言的因素有_____、_____、_____和_____。

## 二、选择题

1. 与选择编程语言无关的因素是(　　)。

A. 软件开发方法　　　　　　　　　　B. 软件执行的环境

C. 软件设计风格　　　　　　　　　　D. 软件开发人员的知识

2. 程序设计语言用于书写计算机程序，它包括语法、语义和(　　)三个方面。

A. 语境　　　　　B. 语调　　　　　　C. 语用　　　　　　D. 语句

3. 源程序文档化要求在每个模块之前加序言注释。该注释内容不应该有(　　)。

A. 模块的功能　　　　　　　　　　　B. 语句的功能

C. 模块的接口　　　　　　　　　　　D. 开发历史

4．1960 年，Dijkstra 提倡的 ① 是一种有效的提高程序设计效率的方法，把程序的基本控制结构限于顺序、② 和 ③ 三种，同时避免使用 ④ ，这样使程序结构易于理解，① 不仅提高程序设计的生产率，同时也容易进行程序的 ⑤ 。

①　　　A. 标准化程序设计　　B. 模块化程序设计

　　　　C. 多道程序设计　　　D. 结构化程序设计

②、③　A. 分支　　　　　　　B. 选择　　　　　　C. 重复

　　　　D. 计算　　　　　　　E. 输入/输出

④　　　A. goto 语句　　　　　B. do 语句　　　　　C. if 语句　　　D. repeat 语句

⑤　　　A. 设计　　　　　　　B. 调试　　　　　　C. 维护　　　　D. 编码

5．程序流程图、N-S 图和 PAD 图是(　　)使用的算法表达工具。

A. 设计阶段的概要设计　　　　　　　B. 设计阶段的详细设计

C. 编程阶段　　　　　　　　　　　　D. 测试阶段

6．程序编写(实现)阶段完成的文档有(　　)。

A. 详细设计说明书、模块开发宗卷　　B. 详细设计说明书、用户手册

C. 模块开发宗卷、操作手册　　　　　D. 用户手册、操作手册

7．从下面关于程序编制的叙述中选出三条正确的叙述(　　)。

A. 在编制程序之前，首先必须仔细阅读它的程序说明书，然后必须如实地依照说明书编写程序。说明书中常会有含糊不清或难以理解的地方，程序员在编程时应该对这些地方做出适当的解释

B. 在着手编制程序时，重要的是采用既能使程序正确地按设计说明书正确处理又不易于出错的编写方法

C. 在编写程序时，首先应该对程序的结构充分考虑，不要急于开始编码，而要像写软件文档那样，很好地琢磨程序具有什么样的功能，这些功能如何安排，等等

D. 考虑到以后的程序变更，为程序编写完整的说明书是一项很重要的工作，只要有了完整的程序说明书，即使程序的编写形式难以让他人看懂也没有什么关系

E. 编制程序时，不可缺少的条件是，程序的输入和输出数据的格式都应确定，其他各项规定都是附带的，无足轻重

F. 作为一个好的程序，不仅处理速度要快，而且易读、易修改等也都是重要的条件。为了能得到这样的程序，不仅要熟悉程序的设计语言的语法，还要注意采用适当的流程和单纯的表现方法，使整个程序的结构简洁

**三、实训题**

下面给出一个求函数方程 F(x)在自变量区间[a,b]中的全部实根的算法，首先阅读此程序，然后：

(1) 画出消去全部 goto 语句的结构化程序流程图。

(2) 将它改为 N-S 图。

(3) 根据(1)写出无 goto 语句的程序。

(4) 在算法中 a 与 b 是区间的两端点值，esp1 与 esp2 是用户要求的求解精度，如果区

间中点函数值的绝对值小于 eps1 或新的小区间的长度小于 eps2，就认为这个中点为根。

```
float binroot(float a,float b,float eps1,float eps2){
    float low=a,high=b,mid,fmid;
    float flow=Func(low),fhigh=Func(high);
    label L1,L2,L3;          //标号说明
    If (flow*fhigh>0.0){
        binroot=0;
        goto L3;
    }                         //无实根
    L1: mid=(low+high)/2;
    fmid=Func(mid);
        if(abs(fmid)<=eps1) {
            L2:    binroot=mid;
            goto L3;}
        else if(high-mid<=eps2) goto L2;
            else if(low*fmid>0.0) {low=mid;flow=fmid;goto L1;}
            else {high=mid; goto L1;};
        L3:
}
```

# 第 10 章　软件测试技术

## 10.1　软件测试的基本概念

说到软件测试，还要从软件质量说起。概括地说，软件质量是"软件与明确及隐含定义的需求相一致的程度"。具体地说，软件是根据顾客满意度来定义质量的。因此软件质量是以顾客的需要为开始，以顾客满意为结束，满足软件的各项精确定义的功能需求和性能需求以及文档中明确描述的开发标准的程度。

高质量的软件应该具备如下三个条件：

(1) 满足软件需求定义的功能和性能；

(2) 文档符合事先确定的软件开发标准；

(3) 软件的特点和属性遵守软件工程的目标和原则。

### 10.1.1　软件质量保证

软件质量保证(或称 SQA)是为保证产品和服务充分满足消费者要求的质量而进行的有计划、有组织的活动。它可以保证：

(1) 依据组织经过文档化的开发计划和过程进行软件开发；

(2) 这些计划和规程满足合同中有关质量的条款。

软件质量保证包括以下十个方面内容：

(1) 建立软件质量保证活动的组织。

(2) 制订质量保证方针和质量保证标准。

(3) 建立质量保证体系。

(4) 保证开发出来的软件符合相应标准与规程。这个标准可以是公司内部的开发标准，也可以是国家标准。

(5) 重要质量问题的提出与分析。采集软件质量保证活动的数据，保证软件产品、软件过程中存在的不符合要求的问题得到处理，必要时将问题反映给高级管理者。

(6) 质量信息的收集、分析和使用。依据软件开发的各个阶段的量化标准对项目是否遵循已制定的计划、标准和规程进行监督。

(7) 总结实现阶段的质量保证活动。

(8) 整理面向用户的文档、说明书等。

(9) 坚持各阶段的评审和审计，跟踪其结果，并作合适处理，确保项目组制定的计划、标准和规程适合项目组需要，同时满足评审和审计需要。

(10) 产品质量鉴定、质量保证系统鉴定。

## 10.1.2　软件测试的定义与目标

关于什么是软件测试有很多说法。

第一种说法：软件测试是描述一种用来促进鉴定软件的正确性、完整性、安全性和质量的过程。换句话说，软件测试是一种实际输出与预期输出之间的审核或者比较过程。

第二种说法：软件测试是在规定的条件下对程序进行操作，以发现程序错误，衡量软件质量，并对其是否能满足设计要求进行评估的过程。

第三种说法：1983 年 IEEE 在其提出的软件工程术语中给出的软件测试的定义是：软件测试是使用人工或自动的手段来运行或测定某个软件系统的过程，其目的在于检验它是否满足规定的需求或弄清预期结果与实际结果之间的差别。这个定义明确指出：软件测试的目的是为了检验软件系统是否满足需求。因此，软件需求是判断软件是否有缺陷的唯一标准。我们一般公认 IEEE 的定义作为标准定义。

例如，《需求分析说明书》中指定项目功能有四个：信息查询、信息增加、信息修改、信息存储。如果软件中增加了一个"打印"功能，是否是缺陷呢？回答是肯定的。

另外，大家还要注意"质量保证"和"质量控制"两个概念，这两个概念是完全不同的两个概念。

软件质量控制其实是一系列基本方法，通过这些方法及相关技术来科学地测量过程的状态。如缺陷率、测试覆盖率等都是属于软件质量控制范畴，它们反映了测试过程状态的好坏、是否满足了要求。测试过程就好比一辆汽车，而缺陷率、测试覆盖率等就像汽车上的仪表，人们可以通过仪表上的数据来看出汽车当前运行状态是否正常、运行的效能如何等？总之，质量控制就是一个确保产品满足需求的过程。

软件质量保证则是过程的参考、指南的集合。如 ISO9000、CMM/CMMI。通俗地说质量保证就像汽车的检验合格证一样。它提供的是一种信任和为这种信任而进行的一系列有计划有组织的活动。它着重内部的检查，确保已获取认可的标准和步骤都已经遵循，保证问题能及时发现和处理。质量保证工作的对象是产品和开发过程中的行为。就好比制造一辆汽车，需要根据一系列标准化的流程和步骤进行，并同时在过程中实施监控，检查是否有偏差，并向管理者提供产品及过程的可视性。

软件测试的目标是以较少的测试用例、时间和人力找出软件潜在的各种错误和缺陷，以确保软件的质量。

## 10.1.3　软件测试公理

下面给出一些软件测试过程中应该遵循的建议，这些建议也称为"测试公理"。

### 1. 尽早测试

"尽早测试"包含两方面的含义：

(1) 测试人员早期参与软件项目，及时开展测试的准备工作，包括编写测试计划、制定测试方案以及准备测试用例。

(2) 尽早地开展测试执行工作，一旦代码模块完成就应该及时开展单元测试；一旦代码模块被集成成为相对独立的子系统，便可以开展集成测试；一旦有 build 提交，便可以开展系统测试工作。

同时测试人员应及早了解测试的难度、预测测试的风险，从而有效提高测试效率，规避测试风险。

据美国软件质量安全中心曾经对美国一百家知名的软件厂商进行统计，得出这样一个结论：软件缺陷在开发前期发现比在开发后期发现，在资金、人力上可节约 90%；软件缺陷在推向市场前发现比在推出后发现，在资金、人力上节约 90%。所以说软件的缺陷应该尽早发现。

### 2．全面测试

软件是程序、数据和文档的集合，那么对软件进行测试，就不仅仅是对程序的测试，还应包括对软件"副产品"的全面测试。这些"副产品"就是需求文档、设计文档，作为软件的阶段性产品，它们直接影响到软件的质量。

全面测试包含两层含义：

(1) 对软件的所有产品进行全面的测试，包括对需求文档、设计文档、代码、用户文档等的测试。

(2) 软件开发及测试人员(有时包括用户)全面地参与到测试工作中，例如对需求的验证和确认活动，就需要开发、测试及用户的全面参与，毕竟测试活动并不仅仅是保证软件运行正确，同时还要保证软件满足了用户的需求。

### 3．全过程测试

全过程测试包含两层含义：

(1) 测试人员要充分关注开发过程，对开发过程的各种变化及时做出响应。例如开发进度的调整可能会引起测试进度及测试策略的调整，需求的变更会影响到测试的执行等等。

(2) 测试人员要对测试的全过程进行全程的跟踪，例如建立完善的度量与分析机制，通过对自身过程的度量，及时了解过程信息，调整测试策略。

全过程测试有助于及时应对项目变化，降低测试风险。同时对测试过程的度量与分析也有助于把握测试过程，调整测试策略，便于测试过程的改进。

### 4．独立的、迭代的测试

我们知道，软件开发瀑布模型是一种有效的测试模型。为适应不同的需要，人们在软件开发过程中摸索出了如螺旋、迭代等诸多模型，其中需求、设计、编码工作可能重叠并反复进行，与其相对应的测试工作也将是迭代和反复的。

所以，我们在遵循尽早测试、全面测试、全过程测试理念的同时，应当将测试过程从开发过程中适当地分离出来，作为一个独立的过程进行管理。

### 5．由专业的测试部门来完成

测试工作应该由独立的专业的软件测试部门来完成，程序员应避免测试自己的程序。

### 6．背靠背确认

对测试结果一定要有一个确认的过程，一般由甲测试出来的缺陷，一定要由乙来确认，严重的错误应该召开评审会进行讨论和分析。

**7. 测试计划**

制定严格的测试计划，安排足够的测试时间，不要希望在极短的时间内完成一个高水平的测试。

**8. 记录所有修改**

测试中对正式版本的软件的任何修改都应有详细的文档记录。

# 10.2　软件测试与开发的关系

很多人认为，软件测试的实施是在编程完成之后进行的。其实这是一种错误的理解。实际上软件测试和软件开发是同步进行的。

V 模型最早是由 Paul Rook 在 20 世纪 80 年代后期提出的一种模型，旨在改进软件开发的效率和效果。V 模型反映出了软件测试活动与软件开发活动的关系。

在图 10-1 中，从左到右描述了基本的开发过程和测试行为，非常明确地标注了测试过程中存在的不同类型的测试，并且清楚地描述了这些测试阶段和开发过程期间各阶段的对应关系。

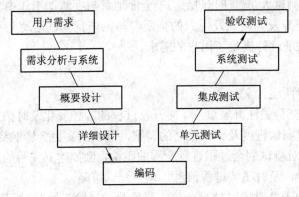

图 10-1　软件测试 V 模型

从图 10-1 可以看出与开发阶段相对应的测试工作的测试目的是：

(1) 单元测试的目标：检测软件的开发是否符合《详细设计说明书》的要求。

(2) 集成测试的目标：检测此前测试过的各模块是否能完好地集合到一起，目的是检测软件是否符合《概要设计说明书》的要求。

(3) 系统测试的目标：检测软件是否符合《需求分析说明书》的要求。

(4) 验收测试的目标：检测产品是否符合最终用户的需求。

# 10.3　软件测试方法——白盒测试

## 10.3.1　软件测试方法的分类

软件测试方法可以从不同角度进行分类：

**1. 静态测试与动态测试**

从执行软件的角度，软件测试方法分为静态测试方法(或叫静态分析)和动态测试方法。

静态测试也叫静态白盒测试，是在不实际运行程序，而是通过检查和阅读等手段来发现错误并评估代码质量的软件测试方法，也称为静态分析技术。静态分析包括：① 代码走查，② 技术评审，③ 代码审查，④ 同行评审。

动态测试方法是通过实际运行程序，并通过观察程序运行的实际结果来发现错误的软件测试方法。

**2. 白盒测试与黑盒测试**

从测试技术的角度，软件测试方法分为白盒测试方法和黑盒测试方法。本章重点介绍白盒测试方法和黑盒测试方法。

## 10.3.2　白盒测试方法

白盒测试是基于代码的测试，它通过程序代码或者利用开发工具找出软件的缺陷，测试时按照程序内部的结构进行，以检验程序中的每条通路是否都能按预定需求正确工作。白盒测试也称作结构测试或逻辑驱动测试，它的主要目的是检测软件程序内部结构，程序书写是否规范、是否按照项目需求规格说明正常运行。

白盒测试总体上分为静态分析和动态测试两大类。

**1. 静态分析**

静态分析是一种不执行程序而进行测试的技术，关键是检查软件的表示和描述是否一致、是否没有冲突或者没有歧义，以及检查规范格式和算法是否优化。

静态白盒测试就是静态分析，它的目的是找出源程序中是否存在错误或"潜在的危险"。

1) 代码走查

代码走查依据的是每个公司颁布的编码规范等技术标准，可以通过事先制定好的检查表进行检查。通常检查的内容有：

(1) 模块规范性测试；

(2) 模块逻辑性测试，包括变量的类型分析、引用分析(包括引用异常)、表达式分析(包括数组下标、零除数、负数开方等)等；

(3) 模块接口测试；

(4) 模块局部数据结构测试；

(5) 模块全局数据结构测试。

2) 同行评审

还有一种静态测试叫同行评审。它是指对由一个或多个拥有与产品创建者类似专长的人对其产品作出评价。由此可见，前面的测试都是在企业内部进行的，这里的同行评审就是跨企业测试。

按照被评审的对象进行划分，可以将同行评审分为对代码的走查和对各种工作产品的评审。这里工作产品的意思是指在软件开发生命周期中所产生的各种对象，包括各种文档、组件等。

从同行评审的形式上可以将同行评审分为正式评审和非正式评审。非正式评审更加灵活、更加简单，但其过程不够严谨，适合对较小的工作产品进行检查。

在操作上应注意以下几点：

(1) 首先要识别参与的人员，应该避免单一角色的人员参与评审。例如：对需求文档的评审应该保证所有项目关系人的参与，其中客户代表和软件测试人员的参与是至关重要的；概要设计和详细设计文档的评审，开发人员的参与也十分关键。

(2) 评审工作要充分计划。项目经理应该认识到如果这些小的任务累加起来，所花费的工作量也是十分惊人的。

(3) 制定同行评审准入条款。需要制定相关的检查条件。例如：需求文档中是否存在遗漏的功能，需求文档的格式是否符合要求，需求文档中的测试用例是否正确等。一般会推荐项目经理来检查待评审的工作产品，因为大多数的评审会是由项目经理主持的。

(4) 制定同行评审的打分制度或方法。常用的方法有一票否决制、加权打分法。

(5) 制定同行评审的准出条款。也就是说什么样的工作产品是符合需求的，什么样的工作产品是可以得到与会人员的认可并通过本次同行评审的。例如：待评审的工作产品不能存在严重级别为1~3的缺陷；待评审的产品必须覆盖所有的业务功能等。只有提前定义了准出的原则，在评审会上也就不会发生无休止的争论。

(6) 与会人员事先需熟读文档。在公司范围内要逐渐营造一种氛围，即认为评审工作也是和开发、设计、测试同等重要的。另外，项目组要预留足够的时间给大家看文档，以免在会议进行中边讨论边看文档影响评审质量。

(7) 定义同行评审的准则。项目组可以制定一个评审准备表的模板，用于收集所有与会人员个人对本次评审所需要讨论和关注的地方，也就是本项目个性化的准则。对收集后的内容进行汇总，就可形成本次同行评审的准则。这个准则同样需要得到所有与会人员的共同认可。

(8) 把评审会议通知给所有与会人员，确定开会的时间和地点，以及本次同行评审的主持人。

(9) 确定评审的度量的量化指标。这些度量指标是为了最后衡量评审的效果和效率，一般可以在组织范围内制定，评审会的主持人按照要求进行收集即可。

虽然评审工作步骤十分多，但要做一次有效的、正式的同行评审是非常必要的，高效的同行评审关键在于评审的准备工作是否到位。

从软件开发的角度看，评价的产品是程序代码。执行评审的人是程序员，不包括直接主管或经理在内。

### 2. 动态测试

动态测试主要介绍路径的分支和覆盖测试。它们是：

(1) 语句覆盖：每条语句至少执行一次。

(2) 判定覆盖：每个判定的每个分支至少执行一次。判定覆盖只关心判定表达式的值(真/假)。

(3) 条件覆盖：每个判定的每个条件应取到各种可能的值。条件覆盖涉及判定表达式的每个条件的值(真/假)。

(4) 判定/条件覆盖：同时满足判定覆盖和条件覆盖。

(5) 条件组合覆盖：每个判定中各条件的每一种组合至少出现一次。

(6) 路径覆盖：使程序中每一条可能的路径至少执行一次。

动态测试要根据程序的控制结构设计测试用例，其原则是：

(1) 保证一个模块中的所有独立路径至少被使用一次。

(2) 对所有逻辑值，均需要测试 true 和 false。

(3) 在边界值(包括循环中的初值等边界)均需要测试。

(4) 为确保软件的有效性需要测试内部数据结构。

对于设计测试用例需要达到的第(1)点显然需要进行"路径覆盖"的测试；对于设计测试用例需要达到的第(2)点显然需要进行"判定/条件覆盖"和"条件组合覆盖"的测试。

# 10.4　软件测试方法——黑盒测试

## 10.4.1　黑盒测试的定义

黑盒测试方法是在已知软件产品的功能设计的情况下，对其进行测试，以确认其是否实现了软件产品的功能要求，这种方法叫黑盒测试方法。

该方法把被测软件视作黑盒，不考虑程序内部的逻辑结构和内部特性，只依据软件的需求规格说明，输入相应的数据，检查程序的输出是否符合它的功能要求(见图 10-2)。

图 10-2　黑盒测试方法示意图

## 10.4.2　黑盒测试的任务

黑盒测试的具体任务是：

(1) 检测软件是否有不正确的功能、是否有遗漏的功能；

(2) 检测在程序接口上是否能够正确地接收输入数据并产生正确的输出结果；

(3) 检测程序是否有数据结构错误或外部信息访问错误；

(4) 检测程序在性能上是否能够满足需求、是否有程序初始化和终止方面的错误。

## 10.4.3　黑盒测试的优点和缺点

### 1. 黑盒测试的优点

黑盒测试有如下优点：

(1) 黑盒测试不考虑软件的具体实现，当软件内部实现发生变化时，测试用例仍然可以使用；

(2) 黑盒测试用例的设计可以和软件开发同时进行，这样能够压缩总的开发时间；

(3) 黑盒测试适用于各个测试阶段；

(4) 从产品功能角度进行测试。

**2. 黑盒测试的缺点**

黑盒测试也有如下缺点：

(1) 某些代码得不到测试；

(2) 无法发现软件需求说明书本身的错误；

(3) 不易进行充分性测试。

对一些外购软件、参数化软件包以及某些自动生成的软件，由于无法得到源程序，只能选择黑盒测试对其进行测试。

## 10.4.4　等价类划分

实现黑盒测试常用的测试方法包括等价类划分法和边界值分析法。

等价类划分法是把全部的输入数据划分成若干的等价类，在每一个等价类中取一个数据来进行测试，从而保证设计出来的测试用例具有完整性和代表性。它能以较少的具有代表性的数据进行测试，又可取得很好的测试效果。

等价类又分为有效等价类和无效等价类。

有效等价类是指对于程序的需求说明而言由合理的、有意义的输入数据所构成的子集合；利用它可以检验程序是否实现了预期的功能和性能。

无效等价类是指对于程序的需求说明而言由不合理的、没有意义的输入数据所构成的集合；利用它可以检验程序是否实现了异常处理功能。

一般情况下，等价类的划分按照如下几类进行：

(1) 按照区间划分；

(2) 按照数值划分；

(3) 按照数值集合划分；

(4) 按照限制条件或规格划分。

如果输入条件规定了数据的范围和取值个数，可以确定一个有效等价类和两个无效等价类。例如对于 $100 < X < 999$，其有效等价类为 $(100，999)$，无效等价类为小于 100 和大于 999。

如果输入条件规定了一个必须成立的情况(如输入数据必须是某个日期)，可以划分为一个有效等价类(输入某个日期格式字符串)和一个无效等价类(输入非日期格式字符串)。

如果输入条件是一个布尔量，则可以确立一个有效等价类和一个无效等价类。

等价类测试用例的设计步骤如下：

(1) 建立等价类表，列出所有划分出的等价类，如表 10-1 所示。

表 10-1　等价类表

| 输入条件 | 有效等价类 | 无效等价类 |
| --- | --- | --- |
| … | … | … |
| … | … | … |

(2) 为每个等价类规定一个唯一的编号。

(3) 设计一个新的测试用例，使其尽可能多地覆盖尚未覆盖的有效等价类。重复这一步，最后使得所有有效等价类均被测试用例所覆盖。

(4) 设计一个新的测试用例，使其只覆盖一个无效等价类。重复这一步使所有无效等价类均被覆盖。

例如，要对一个开平方程序进行测试。

平方根函数要求当输入值为 0 或大于 0 时，返回输入数的平方根；当输入值小于 0 时，显示错误信息"平方根错误，输入值小于 0"，并返回 0。

首先划分有效等价类和无效等价类，如表 10-2 所示。

表 10-2　平方根函数等价类表

| 输入条件 | 有效等价类 | 无效等价类 |
|---|---|---|
| 数值 | 大于等于 0 | 小于 0 |
| 非数值 | 无 | a，%，#等字符 |

## 10.4.5　边界值分析

边界值分析是在软件需求分析中找出边界值，以便设计测试用例。它的基本思想是：选取正好等于、刚刚大于或刚刚小于边界的值作为测试数据，而不是选取等价类中的典型值或任意值作为测试数据。其具体方法如下：

(1) 如果输入条件规定了值的范围($a < x < b$)，则应该取刚刚达到这个范围的边界值以及刚刚超过这个范围边界的值作为测试用例。例如，找出年龄在 15～25 岁的男生，边界值是 15、25。

(2) 如果输入条件规定了值的个数则用最大个数、最小个数，那么选取最大个数、最小个数、比最大个数多 1 个、比最小个数少 1 个的数作为测试用例。如图 3-4 中 a 为最小个数，b 为最大个数。例如，选取班里数学成绩在前 5 名的学生，那么 4～6 就是边界值。

(3) 如果程序说明书给的是输入域或输出域是有序集合(如有序表、顺序文件等)，则应该选取集合的第一个和最后一个元素作为测试用例。例如，对有序表——2010 级学生计算机应用班的考试成绩表设计测试用例。

(4) 对于数据方面的测试，要进行零测试，给出 0 值进行测试。

(5) 对于"字符""数值""空间"，测试用例设计见表 10-3。

表 10-3　"字符""数值"等测试用例

| 项 | 边　界　值 | 测试用例的设计思路 |
|---|---|---|
| 字符 | 起始−1 个字符；<br>结束+1 个字符 | (1) 假设一个文本输入区域允许输入 1 个到 255 个字符，则输入 1 个和 255 个字符作为有效等价类；<br>(2) 输入 0 个和 256 个字符作为无效等价类，这几个数值都属于边界条件值 |
| 数值 | 最小值−1；<br>最大值+1 | (1) 假设某软件的数据输入域要求输入 5 位的数据值，则可以使用 10000 作为最小值、99999 作为最大值；<br>(2) 使用刚好小于 5 位和大于 5 位的数值来作为边界条件 |
| 空间 | 小于空余空间一点；<br>大于满空间一点 | 例如在用 U 盘存储数据时，使用比剩余磁盘空间大一点(几千字节)的文件作为边界条件 |

例如，NextDate(month, day, year)函数的边界值分析与测试用例如下。NextDate 是一个有三个变量(月份 month、日期 day 和年 year)的函数，函数返回输入日期的下个日期。变量都具有整数值，且满足以下条件：

C1：1≤month≤12；

C2：1≤day≤31；

C3：1912≤year≤2050

在 NextDate 函数中，隐含规定了变量 month 和变量 day 的取值范围：1≤month≤12，1≤day≤31，并设定变量 year 的取值范围为 1912≤year≤2050。测试用例见表 10-4。

**表 10-4　测试用例**

| 编号 | 输　入 | | | 预期输出 |
|------|-------|-----|------|---------|
|      | month | day | year |         |
| Test1 | 6 | 15 | 1911 | year 超出范围 |
| Test2 | 6 | 15 | 1912 | 1912.6.16 |
| Test3 | 6 | 15 | 2050 | 2050.6.16 |
| Test4 | 6 | 15 | 2051 | year 超出范围 |
| Test8 | 6 | -1 | 2001 | day 超出范围 |
| Test9 | 13 | 1 | 2001 | month 超出范围 |
| Test10 | 6 | 0 | 2001 | day 超出范围 |
| Test11 | 6 | 30 | 2001 | 2001.7.1 |
| Test12 | 6 | 31 | 2001 | day 超出范围 |
| Test13 | 6 | 32 | 2001 | day 超出范围 |
| Test14 | -1 | 15 | 2001 | month 超出范围 |
| Test18 | 12 | 31 | 2001 | 2002.1.1 |
| Test19 | 13 | 15 | 2001 | month 超出范围 |

# 10.5　软件测试策略——单元测试

单元测试是指开发人员对于程序的每个单元进行的测试工作。在不同的语言中，单元有不同的含义：传统的结构化编程语言中，比如 C 语言，要进行测试的单元一般是函数、模块或子过程。在 Java、.Net 或 C++ 这样的面向对象的语言中，要进行测试的基本单元(或说测试对象)是类。

## 10.5.1　单元测试的任务

对于单元测试来讲，测试任务包括：

(1) 模块(或类)的规范性测试；

(2) 模块(或类)的逻辑性测试；

(3) 模块(或类)的接口(或方法的调用)测试；

(4) 模块(或类)局部数据结构的测试；

(5) 模块(或类)全局数据结构的测试；

(6) 对于结构复杂的程序模块(或类)，还要进行覆盖测试。

单元测试进行的测试分析和测试用例的规模和难度远小于对整个系统的测试分析和测试用例，而且强调对语句应该有 100%的执行代码覆盖率。

在设计测试用例的数据时，可以基于以下两个假设：

(1) 如果函数(或程序模块)对某一类输入中的一个数据可正确执行，则对同类中的其他输入也能正确执行。

(2) 如果函数(或程序模块)对某一复杂度的输入可正确执行，则对更高复杂度的输入也能正确执行。

## 10.5.2　编写驱动模块和桩模块

单元测试的主要内容是模块接口测试。模块接口测试中的被测模块并不是一个独立的程序，在考虑测试模块时，同时要考虑它和外界的联系，用一些辅助模块去模拟与被测模块相关联的模块。这些辅助模块可分为两种：驱动模块和桩模块。

### 1. 驱动模块

驱动模块相当于被测模块的主程序。它接收测试数据，把这些数据传送给被测模块，最后输出实测结果。

例如，模块 A 要调用模块 B，在测试模块 B 时，要编写一个驱动模块(模拟模块 A 对 B 的调用功能)来调用模块 B，检查模块 B 是否存在缺陷。

### 2. 桩模块

桩模块用以代替被测模块调用的子模块。桩模块可以做少量的数据操作，不需要把子模块所有功能都带进来，但不允许什么事情也不做。

例如，模块 A 要调用模块 B，现在测试模块 A 时，要编写一个桩模块(代替模块 B 的功能)被模块 A 调用，(假设模块 B 是正确的)检查模块 A 是否存在缺陷。

被测试模块、与它相关的驱动模块以及桩模块共同构成了一个"测试环境"，如图 10-3 所示。

在插桩测试时需要注意的要点如下：

(1) 需要插入哪些信息；

(2) 在什么位置插入语句；

(3) 需要在几个点插入语句以及在特定的位置需要什么特殊的判断性语句。

图 10-3　单元测试环境

这三个要点对于如何插桩非常重要。(1)(2)要点是需要结合具体的程序来判断的，不能给出具体的答案。对于要点(3)，就要考虑如何才能插入最少的点，来完成实际的问题。这些技巧通过工作经验的积累会很容易地得到解决。

# 10.6　软件测试策略——集成测试

集成是指多个单元的聚合，许多单元组合成模块，而这些模块又聚合成程序的更大部分，如分系统或系统。

集成测试是在单元测试的基础上，将所有的软件单元按照《概要设计规格说明书》的要求组成子系统(或系统)的过程中检查各部分工作是否达到或实现相应技术指标及要求的活动。也就是说，在集成测试之前，单元测试应该已经完成，集成测试中所使用的对象应该是已经经过单元测试的软件单元。

集成测试的目标是检查软件是否符合《软件概要设计规格说明书》的要求。

集成测试的任务是：

(1) 检查在各个模块连接在一起的时候，穿越模块接口的数据是否会丢失；

(2) 检查一个模块的功能是否会对另一个模块的功能产生不利的影响；

(3) 检查各个子功能组合起来，能否达到预期要求的父功能；

(4) 检查全局数据结构是否有问题。

为什么必须进行集成测试？原因是：

(1) 一些模块虽然能够单独地工作，但并不能保证组合起来也能正常工作。程序在某些局部反映不出来的问题，有可能在全局上会暴露出来，影响功能的实现。

(2) 在某些开发模式中，如迭代式开发，设计和实现是迭代进行的，在这种情况下，集成测试的意义还在于它能间接地验证概要设计是否具有可行性。

集成测试的方法有两种：非增值式集成测试和增值式集成测试。

## 10.6.1　非增值式集成测试

非增值式集成测试的方法是：先分别使用打桩技术和驱动模块对每个模块进行单元测试，然后再把所有模块按设计要求放在一起结合成所需要实现的程序而进行测试。

例如，《图书管理系统》项目中主模块<系统主函数>的五个模块为：<按照书名查询><按照作者名字查询><图书返还><图书卡的操作与管理><图书借阅>。其打桩模块为：Stub2、Stub3、Stub4、Stub5、Stub1，如图 10-4 所示。

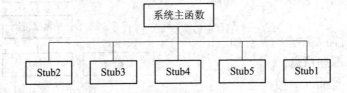

图 10-4　对主模块<系统主函数>进行单元测试

非增值式集成的测试的特点是：既要写驱动模块，又要写桩模块。

## 10.6.2　增值式集成测试

增值式集成测试方法分为：自顶向下的增值式集成测试方式和自底向上的增值式集成测试方式。

### 1. 自顶向下的集成方式

自顶向下集成是构造程序结构的一种增量式方式，它从"树根"节点(软件结构的主模块)开始组装测试，主模块作为驱动模块，所有与主模块直接相连的模块(记为 X)作为被测模块；按照软件的控制层次结构，以深度优先或广度优先的策略，逐步把各个模块集成在一起。每次把从属于 X 的一个桩模块替换成真正的模块 Y 及 Y 的桩模块(如果 Y 有桩模块)，依此不断集成下去，直到全部模块被集成为止。

自顶向下的集成测试的具体步骤是：

(1) 以主模块作为测试驱动模块，把对主模块进行单元测试时引入的所有桩模块用实际模块替代；

(2) 依据所选的集成策略(深度优先或广度优先)，每次只替代一个桩模块；

(3) 每集成一个模块立即测试一遍；

(4) 只有每组测试完成后，才开始替换下一个桩模块；

(5) 为避免引入新错误，需不断地进行回归测试(即全部或部分地重复已做过的测试)。

例如，对于如图 10-5 所示模块调用结构图，下面给出自顶向下增值测试方式的集成测试方法。

**注意**：其中<主模块>调用 2 个函数模块：<模块 1>和<模块 2>，其中<模块 1>调用<模块 3>。

具体测试步骤如下：

(1) 确定模块集成路线：按照先左后右的顺序进行集成。

(2) 先对顶层的<主模块>设计桩模块 Stub1 和 Stub2(注意：这里的 Stub1、Stub2 和 Stub3 与前面的意义不同)，用来模拟它所实际调用的模块<模块 1>和<模块 2>(如图 10-6 所示)。然后进行测试。

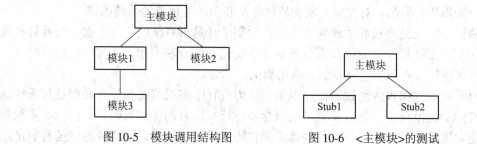

图 10-5　模块调用结构图　　　　　　图 10-6　<主模块>的测试

(3) 用<模块 1>替换掉桩模块 Stub1，与<主模块>连接，再对<模块 1>配以桩模块 Stub3，用来模拟<模块 1>对<模块 3>的调用，然后进行测试。如图 10-7 所示。

(4) 用<模块 3>替换掉桩模块 Stub3 并与<模块 1>相连，然后进行测试。如图 10-8 所示。

(5) 用<模块 2>替换掉桩模块 Stub2 并与<主模块>相连，然后进行测试。如图 10-9 所示。

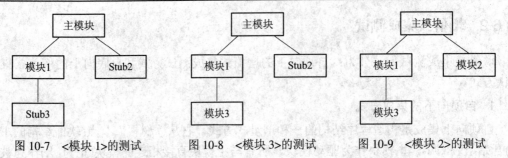

图 10-7  <模块 1>的测试        图 10-8  <模块 3>的测试        图 10-9  <模块 2>的测试

(6) 测试结束。

自顶向下集成的特点是：不用写驱动模块，只写桩模块。

### 2．自底向上的集成方式

自底向上测试与自顶向下测试方法的优缺点正好相反，是从"树叶"模块(即软件结构最低层的模块)开始组装测试。自底向上集成测试的步骤如下：

(1) 把低层模块组织成实现某个子功能的模块群；

(2) 写一个测试驱动模块，控制测试数据的输入和测试结果的输出；

(3) 对每个模块群进行测试；

(4) 删除测试使用的驱动模块，用较高层模块把模块群组织成为完成更大功能的新模块群。

从第一步开始循环执行上述各步骤，直至整个程序构造完毕。

因此，在测试软件系统时，应根据软件的特点和工程的进度，选用适当的测试策略，有时混合使用两种策略更为有效，上层模块用自顶向下的方法，下层模块用自底向上的方法。

自底向上集成的特点是：测试到较高层模块时，所需的下层模块功能均已具备，所以不再需要桩模块。只写驱动模块。

# 10.7  软件测试策略——系统测试

通过单元测试和集成测试，仅能保证软件开发的功能实现，不能保证在实际运行时是否满足用户的需要。为此，对完成开发的软件产品必须经过规范的系统测试。

系统测试是将已经集成好的软件系统，作为整个计算机系统的一个元素，与计算机硬件、外设、某些支持软件、数据和人员等其他系统元素结合在一起，在实际运行环境下，对计算机系统进行一系列的组装测试和确认测试。

有人对集成测试和系统测试的概念混淆，认为进行了集成测试就没有必要进行系统测试了，这实际上是没有搞清楚系统测试的概念和目标。二者的测试目的是不同的，系统测试的目的是发现系统设计、接口、结构体系和代码的产品级缺陷，而集成测试的目的是发现模块级的缺陷。

系统测试步骤如下：

(1) 理解软件和测试目标；

(2) 设计测试用例；

(3) 运行测试用例并处理测试结果；

(4) 评估测试用例和测试策略。

测试设计步骤是循环的，并且每一步骤都可以返回前面的任何一个步骤，即使单独一个测试用例也可能要经过以上步骤多次。

具体地说，系统测试中的"系统"的含义是指整个项目的所有软件、硬件和网络等组成的系统。例如银行自动柜员机系统，其硬件包括：后台主机、路由器、局域网络、自动柜员机；其软件包括：实现自动取款、自动存款和查询三大功能的相关软件。

在自动取款时有如下模块：金额输入模块、账户查询模块、数钞模块、吐钞模块等。在自动存款时有如下模块：金额输入模块、验钞模块、数钞模块等。

所以在进行系统测试时要同时考虑这些软件的每个功能的每个动作和各个硬件接口(例如吐钞装置、数钞装置等)的协调工作。

# 10.8　《缺陷报告单》的书写格式

对测试过程中的每个缺陷都应该填写一份缺陷报告单，如表 10-5 所示。

**表 10-5　缺 陷 报 告 单**

表格序号：

| 测 试 人 | | 报告日期 | |
|---|---|---|---|
| 报告 ID | | 重现几率 | |
| 严重程度 | | 优先级别 | |
| 详细描述 | | | |
| 修改建议 | | | |
| 实际处理人 | | 处理时间 | |
| 处理意见 | | | |
| 处理意见解释 | | | |
| 修改方式 | | | |
| 修改文件 | | 可能影响的模块 | |
| 返测结果 | | | |

表格中有关项目的说明如下：

(1) 严重程度。

致命性错误：数据丢失，数据计算错误、系统崩溃和死机。

严重功能性错误：规定的功能没有实现或不完整、设计不合理造成性能低下，影响系统的运行。

警告性错误：不影响系统运行的功能问题，例如，某变量定义之后在本程序中没有用到过。

建议性错误：如代码规范等问题。

(2) 重现几率，分为四个等级：小于等于 30%、大于 30%小于 60%、大于 60%小于 80%，大于 80%小于等于 100%(这个规定可以根据实际项目确定)。

(3) 优先级别(指优先安排修正该缺陷的紧迫程度)，分为三个级别：高、中、低。

(4) 处理意见，分为两种：已经解决、尚未解决。

(5) 修改方式，分为四种：修改相关代码，删除相关功能模块，改变设计，不做修改。

# 本 章 小 结

本章首先介绍了每个阶段测试的主要目的和软件测试与软件开发之间的关系。

另外还介绍了白盒测试技术和黑盒测试技术。白盒测试技术介绍了静态分析和动态测试。动态测试中介绍了分支和覆盖的六种覆盖测试：① 语句覆盖，每条语句至少执行一次。② 判定覆盖，每个判定的每个分支至少执行一次。判定覆盖只关心判定表达式的值(真/假)。③ 条件覆盖，每个判定的每个条件应取到各种可能的值。条件覆盖涉及判定表达式的每个条件的值(真/假)。④ 判定/条件覆盖，同时满足判定覆盖和条件覆盖。⑤ 条件组合覆盖，每个判定中各条件的每一种组合至少出现一次。⑥ 路径覆盖，使程序中每一条可能的路径至少执行一次。

其次介绍了软件测试的策略——单元测试、集成测试和系统测试。在单元测试中介绍了驱动模块和桩模块；在集成测试中介绍了非增值式集成测试和增值式集成测试。其中增值式集成测试分为自顶向下的增值测试方式和自底向上的增值测试方式。这里主要介绍了自顶向下的增值测试方式。

本章最后给出了《缺陷报告单》的书写格式。

# 习 题

## 一、判断题

1. 软件测试员坚持追求程序的完美性。(　　)

2. 测试程序仅仅按预期方式运行就行了。(　　)

3. 不存在质量很高但可靠性很差的产品。(　　)

4. 软件测试员可以对产品说明书进行白盒测试。(　　)

5. 静态白盒测试可以找出代码所有遗漏之处和问题。(　　)

6. 所有软件都有一个用户界面，因此必须测试易用性。(　　)

7. 软件测试的目的是尽可能多地找出软件的缺陷。(　　)

8. 项目立项前测试人员不需要做任何工作。(　　)

9. 代码评审是检查源代码是否达到模块设计的要求。(　　)

10. 自底向上集成需要测试员编写驱动程序。(　　)

11. 测试人员要坚持原则，缺陷未修复完坚决不予通过。(　　)

## 二、选择题(单选)

1. 被测程序被认为是一个打不开的盒子，盒子中的内容完全不知道，只明确要输入什么，会得到什么，这种测试方法被称为( )。

 A．黑盒测试      B．白盒测试

 C．静态测试      D．面向对象的测试

 2．下列属于黑盒测试策略的是( )。

 A．等价类划分法     B．边界值分析法

 C．因果图法      D．路径覆盖法

 3．等价类可以被划分为( )。

 A．有效等价类和无效等价类   B．有效等价类和区间等价类

 C．无效等价类和区间等价类   D．边界等价类和区间等价类

 4．黑盒测试是一种重要的测试策略，又称为数据驱动的测试，其测试数据来源于( )。

 A．软件规格说明     B．软件设计说明

 C．概要设计说明     D．详细设计说明

 5．软件验收测试合格通过的准则是( )。

 A．软件需求分析说明书中定义的所有功能已全部实现，性能指标全部达到要求

 B．所有测试项没有残余一级、二级和三级错误

 C．立项审批表、需求分析文档、设计文档和编码实现一致

 D．验收测试工作齐全

 6．软件测试计划评审会需要参加的人员有( )。

 A．项目经理      B．SQA 负责人

 C．配置负责人      D．测试组

 7．下列关于 Alpha 测试的描述中正确的是( )。

 A．Alpha 测试需要用户代表参加

 B．Alpha 测试不需要用户代表参加

 C．Alpha 测试是系统测试的一种

 D．Alpha 测试是验收测试的一种

 8．下列叙述不属于集成测试步骤的是( )。

 A．制定集成计划     B．执行集成测试

 C．记录集成测试结果    D．回归测试

 9．属于软件测试活动的输入是( )。

 A．软件工作版本     B．可测试性报告

 C．软件需求工件     D．软件项目计划

 10．下面各项属于动态分析的是( )。

 A．代码覆盖率      B．模块功能检查

 C．系统压力测试     D．程序数据流分析

 11．下面各项属于静态分析的是( )。

 A．编码规则检查     B．程序结构分析

 C．程序复杂度分析     D．内存泄漏

 12．从测试阶段角度看，测试正确的顺序是( )。

 A．单元测试   B．集成测试    C．系统测试   D．确认测试

13．为了提高测试的效率，应该(　　)。

A．随机地选取测试数据

B．取一切可能的输入数据作为测试数据

C．在完成编码后制定软件的测试计划

D．选择发现错误可能性大的数据作为测试数据

14．与设计测试数据无关的文档是(　　)。

A．需求说明书　　　　　B．设计说明书　　　　C．源程序　　　　D．项目开发设计文档

15．软件测试中设计测试实例主要由输入数据和(　　)两部分组成。

A．测试规则　　　　　　　　　　　　　　B．测试计划

C．预期输出结果　　　　　　　　　　　　D．以往测试记录分析

16．单独测试一个模块时，有时需要一个(①)程序(①)被测试的模块。有时还要有一个或几个(②)模块模拟由被测试模块调用的模块。

①A．理解　B．驱动　C．管理　D．传递

②A．子　　B．仿真　C．栈　　D．桩

17．软件测试中，白盒方法是通过分析程序的(①)来设计测试实例的方法，除了测试程序外，还适用于对(②)阶段的软件文档进行测试。

黑盒方法是根据程序的(③)来设计测试实例的方法，除了测试程序外，它也适用于对(④)阶段的软件文档进行测试。

①③ A．应用范围　B．内部逻辑　　C．功能　　　　D．输入数据

②④ A．编码　　　B．软件详细设计　C．软件概要设计　D．需求分析

18．(　　)是以发现错误为目的的，而(　　)是以定位、分析和改正错误为目的的。

A．测试　　　　　　B．排序　　　　　　C．维护　　　　　　D．开发

19．若有一个计算类型的程序，它的输入量只有一个 X，其范围是 $-1.0 \leqslant X \leqslant 1.0$，现从输入角度考虑设计了一组测试该程序的测试用例，为 $-1.0001$，$-1.0$，$1.0$，$1.0001$。设计这组测试用例的方法是(　　)。

A．条件覆盖法　　　　　　　　　　　　B．等价分类法

C．边界值分析法　　　　　　　　　　　D．错误推测法

20．在测试层次结构的大型软件时，有一种方法是从上层模块开始，自顶向下进行测试，此时有必要用(　　)替代尚未测试过的下层模块。

A．主模块　　　　　　B．桩模块　　　　　C．驱动模块　　　D．输出模块

**三、实训题**

分组到公司调研，了解目前软件公司常用的软件测试方法、测试工具和测试流程。

# 第 11 章　软件测试工具 LoadRunner

LoadRunner 是一个专业的工业标准级性能测试工具。该工具的基本流程是先将用户的实际操作录制成脚本，然后产生数千个虚拟用户运行脚本(虚拟用户可以分布在局域网中不同的 PC 机上)，最后生成相关的报告以及分析图。它通过模拟用户实施并发负载及实时性能监测的方式来确认和查找软件缺陷。目前大多数企业都使用 LoadRunner 来测试系统性能。

## 11.1　LoadRunner 的测试流程介绍

LoadRunner 包含很多组件，其中最常用的有 Visual User Generator(虚拟用户产生器，以下简称 VuGen)、Controller(控制器)、Analysis(分析器)。

使用 LoadRunner 进行测试的过程分为如下五个步骤：

(1) 分析测试需求；

(2) 创建测试脚本；

(3) 创建运行场景；

(4) 运行测试脚本；

(5) 分析与监视负载测试。

另外需注意：LoadRunner 软件需要占用至少 500 MB 的磁盘空间。

## 11.2　分析测试需求

分析测试需求一般情况下需要两个步骤：一是分析应用需求；二是确定测试参数。

### 1. 分析应用需求

分析应用需求要求测试人员对应用系统的软/硬件以及配置情况非常熟悉，这样才能保证创建的测试环境真实地反映实际运行的环境。

分析时主要考虑下面几个问题：

(1) 了解系统的软件结构。要搞清楚软件结构是 C/S 结构还是 B/S 结构，如果是 B/S 结构，还应搞清采用何种应用服务器和采用何种数据库等问题。

(2) 估计连接到应用系统的并发用户数。

(3) 确定客户机的配置情况(硬件、内存、操作系统、软件工具等)。

(4) 确定客户机和服务器之间的通信方式。

(5) 了解通信装置(网卡、路由器等)的吞吐量，每个通信装置能够处理的并发用户数。

(6) 了解该系统最常用的功能，确定需要优先测试的功能。

(7) 了解系统角色以及系统角色的数量、每个角色的地理分布情况，从而预测最高峰情况下的负载值。

**2. 确定测试参数**

在录制脚本的过程中会遇到很多参数问题。例如，不同的用户有不同的使用数据；对于负载测试，首先要考虑数据量和用户量；对于强度测试，需要确定用户的极限并发量峰值、数据量峰值等因素。

# 11.3　创建测试脚本

运行 LoadRunner 的方法是：依次点击"所有程序/Mercury LoadRunner / LoadRunner"，进入 LoadRunner 主界面，如图 11-1 所示。

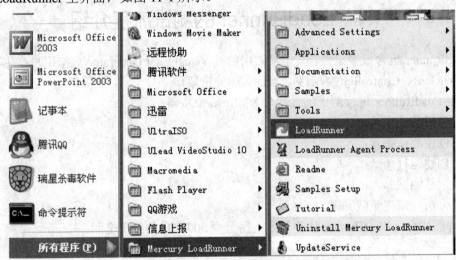

图 11-1　运行 LoadRunner

**1. 建立脚本**

1) 创建虚拟用户

使用 VuGen(虚拟用户产生器)生成虚拟用户，以虚拟用户的方式模拟真实用户的业务操作行为。它先记录下业务流程，然后将其转化为测试脚本。利用虚拟用户，可以在 Windows 或者 UNIX 机器上同时产生成千上万个用户访问。所以 LoadRunner 能极大地减少负载测试所需的硬件和人力资源。

用 VuGen 建立测试脚本后，用户可以对其进行参数化操作，这一操作能让用户利用几套不同的实际发生数据来测试其应用程序，从而反映出系统的负载能力。以一个订单输入过程为例，参数化操作可将记录中的固定数据，如订单号和客户名称，由可变值来代替。在这些变量内任意输入可能的订单号和客户名，来匹配多个实际用户的操作行为。

(1) 首先需要建立一个空脚本来记录事件。打开 LoadRunner，单击 Load Testing 菜单，如图 11-2 所示。

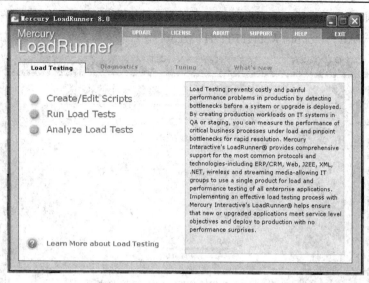

图 11-2　Load Testing 功能界面

(2) 单击 Create/Edit Scripts 项，进入 VuGen 主界面，如图 11-3 所示。

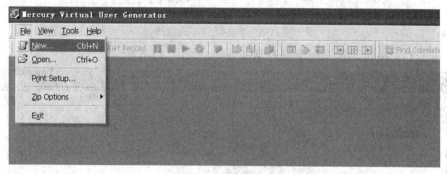

图 11-3　　VuGen 主界面

(3) 选择菜单 File/New…项，进入创建脚本的功能界面，如图 11-4 所示。

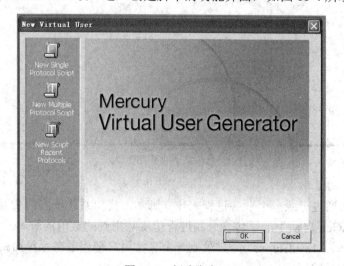

图 11-4　创建脚本

(4) 选择 New Single Protocol Script 项，协议是一个客户端用户进行通信的语言。接下来选择 Category/All Protocols/Web(HTTP/HTML)类型来建立单个协议通信，如图 11-5 所示。

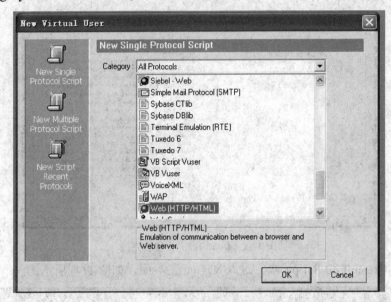

图 11-5　单协议脚本的选择

(5) 点击 OK 按钮，建立一个空的 Web 脚本，如图 11-6 所示。

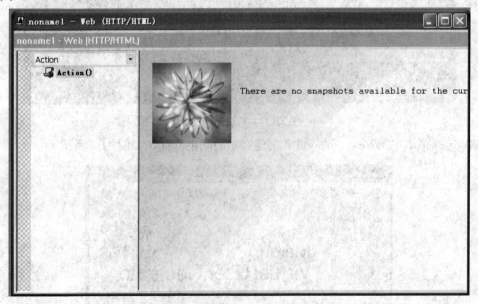

图 11-6　空的 Web 脚本

2) 录制用户的活动

LoadRunner 通过记录一个业务进程来建立脚本，模拟系统真实的负载。在录制程序运行的过程中，VuGen 自动生成了包含录制过程中实际用到的数值的脚本。

在具体测试时，LoadRunner 通过录制一个真实用户使用业务系统而跟踪业务系统的处理过程。其具体方法是：

(1) 从菜单中选择 Vuser/Start Recording(见图 11-7)或者单击工具栏中的 Start Recording 按钮，弹出图 11-8 所示窗口。

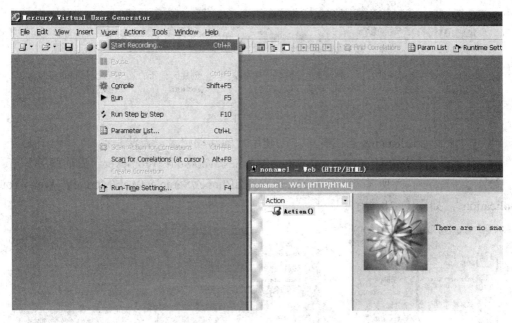

图 11-7　准备进行用户活动的录制

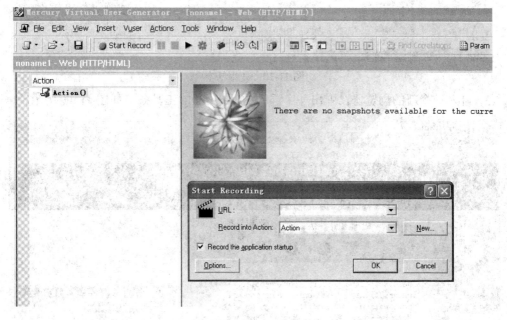

图 11-8　输入 Web 地址

(2) 在此可以输入：http://localhost:1080/mercuryWebTours/，然后单击 OK 按钮。这时进入 Record into Action 对话框，选择 Action 项，单击 OK 按钮。

(3) 在活动记录过程中，屏幕会显示如图 11-9 所示的工具条。

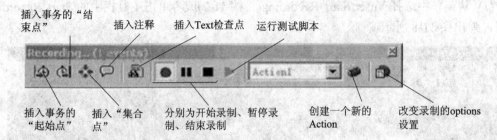

图 11-9 记录工具条

也可以使用 LoadRunner 自带的样本创建用户的活动记录。方法是：

(1) 从"所有程序/Mercury LoadRunner/Samples/Web/Start Web Sever"启动服务。

(2) 执 行 命 令 " 所 有 程 序 /Mercury LoadRunner/Samples/Web/Mercury Web Tours Application"，如图 11-10 所示。

图 11-10 使用样本

(3) 进入一个新的浏览器，弹出一个浮动的 Recording 工具条，如图 11-11 所示。

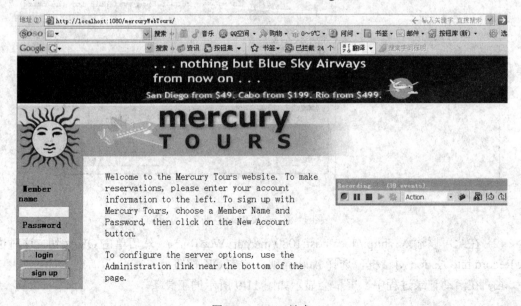

图 11-11 Web 站点

（4）至此，已经记录了很多事件，单击 STOP 按钮即可。这时在测试树中已经记录了一个图标和题目。如图 11-12 所示。

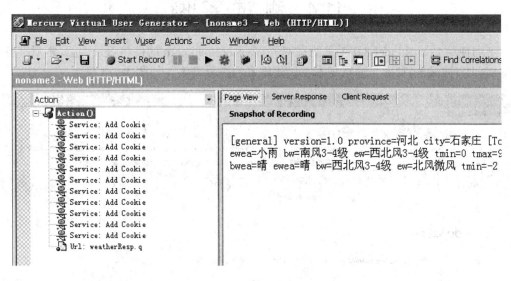

图 11-12　测试树

## 2. 如何查看脚本

要想查看脚本，可选择菜单 View/Script View，如图 11-13 所示。

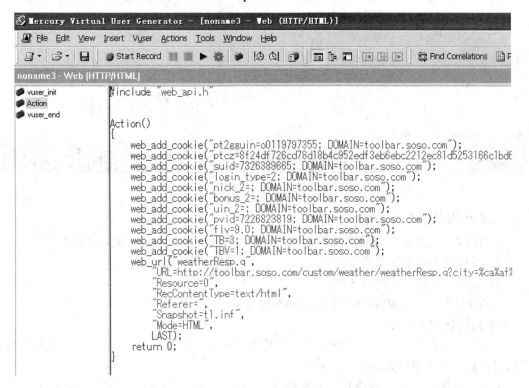

图 11-13　查看脚本

# 11.4　测　试　实　例

　　下面使用 LoadRunner 8.0 工具测试网页 www.hotmail.com 的信箱登录性能。本章准备介绍如何创建(或录制)脚本、编辑脚本、优化脚本和查看脚本，如图 11-14 所示。

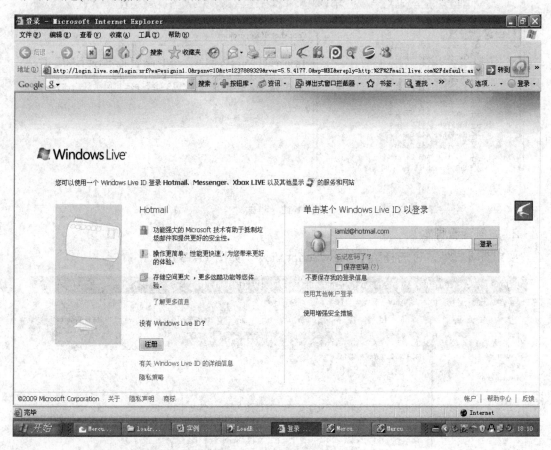

图 11-14　被测试对象

## 1. 系统需求和测试目标

我们测试的任务是测试进入登录、登录、退出登录的系统性能。假设性能要求是：

(1) 不超过 100 个并发用户；

(2) 页面响应时间不超过 5 秒；

(3) CPU 利用率 < 80%(硬件的使用率不要太高)；

(4) 内存使用率 < 75%。

在这里需注意几个概念：响应时间、吞吐率、在线用户数、并发用户数、最大用户数、平均用户数、最佳用户数。

　　• 响应时间：从应用系统发出请求开始，到客户端接收到最后一个字节数据为止消耗的时间。

- 吞吐率：单位时间内系统处理用户的请求数。

$$吞吐量 = 吞吐率 × 单位时间$$

- 在线用户数：在某个时间段内上网的用户数。
- 并发用户数：在某一个时刻同时使用系统进行某种业务操作的用户数。
- 最大用户数：在某个时间段内上网的最大用户数。
- 平均用户数：在某个时间段内上网的平均用户数。
- 最佳用户数：可以通过图 11-15 来说明。图中坐标轴的横轴从左到右表现了并发用户数的不断增长，纵轴代表资源使用情况、吞吐量、响应时间。

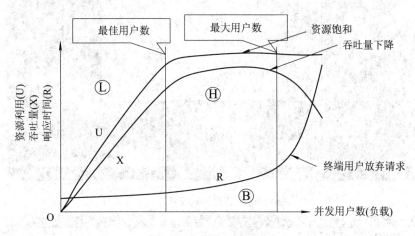

图 11-15　软件性能模型图

在利用 LoadRunner 工具测试并发性能时，关键是如何确定用户数。一般取在线用户数的 5%～10% 作为并发用户数。所以我们测试 100 个并发用户常常可以模拟 1000 个以上的人同时在线。图 11-15 所示的是一个标准的软件性能模型，图中有三条曲线：

(1) 资源利用(用 U 表示)。

(2) 吞吐量(用 X 表示)。

(3) 响应时间(用 R 表示)。

由图 11-15 我们可以看到，最开始，随着并发用户数的增长，资源占用率和吞吐量会相应地增长，但是响应时间的变化不大；不过当并发用户数增长到一定程度后，资源占用达到饱和，吞吐量增长明显放缓甚至停止增长，而响应时间却进一步延长。如果并发用户数继续增长，用户会发现软/硬件资源占用继续维持在饱和状态，但是吞吐量开始下降，响应时间明显超出了用户可接受的范围，并且最终导致用户放弃这次请求甚至离开。

根据这种性能表现，图 11-15 被划分成了三个区域：(1) 轻压力区(用 Ⓛ 表示)；(2) 重压力区(用 Ⓗ 表示)；(3) 搭扣区(用 Ⓑ 表示，表示用户无法忍受并放弃请求)。在 Ⓛ 和 Ⓗ 两个区域交界处的并发用户数，我们称为"最佳并发用户数"，而在 Ⓗ 和 Ⓑ 两个区域交界处的并发用户数则称为"最大并发用户数"。

在这里提请读者注意：LoadRunner 是性能测试工具，不要用它做功能测试。

### 2. 录制和编辑脚本

打开 LoadRunner 的 Mercury Virtual User Generator(虚拟用户产生器)，进入 Create/Edit

Script(创建或编辑脚本)界面，如图 11-16 所示。再进入到虚拟用户产生器，如图 11-17 所示。

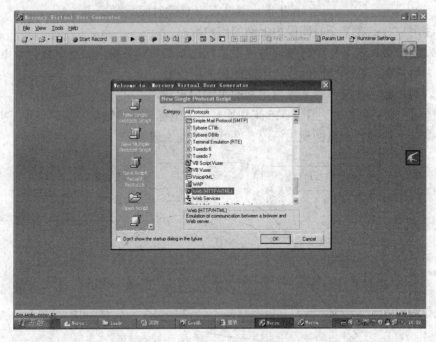

图 11-16　选择 Web 测试类型

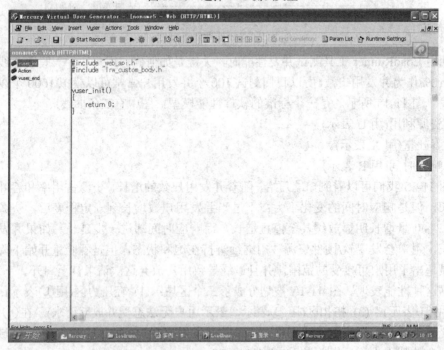

图 11-17　虚拟用户产生器

下面我们录制一个登录过程。

1) 录制准备

点击快捷菜单的 Strat Record 按钮开始录制。输入录制的 Web 地址：www.hotmail.com，如图 11-18 所示；此时窗口出现录制条，如图 11-19 所示。

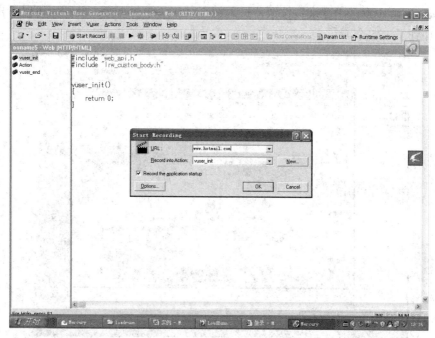

图 11-18　输入 Web 地址准备录制

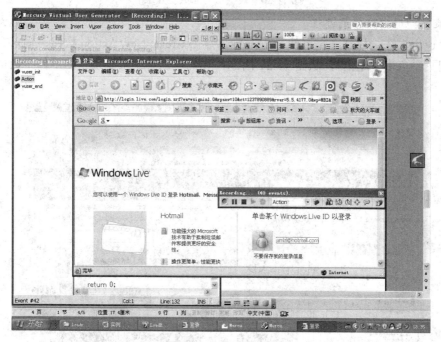

图 11-19　出现录制条

从图 11-19 可以看到，已经产生了 40 个事件，这些事件可以放到初始化脚本 vuser_init 文件中。

2）录制登录过程

我们可以把录制条中的 Vuser_init 改为 Action。然后进入被测试的 Web 页面，输入用户名和密码。最后点击 Create New Action 按钮，再创建一个 Action。输入：Submit_login，然后在 Web 网页中点击"登录"按钮，进入图 11-20 所示的页面。从图上可以看出现在事件个数增加到了 125 个。

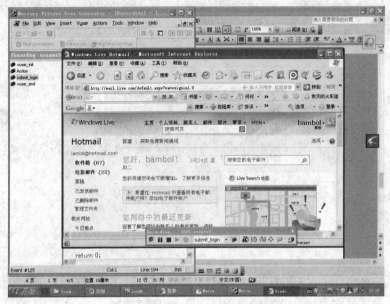

图 11-20　被测试对象成功登录

3) 录制"退出"登录过程

把"退出"登录放到一个事件 Action 中，点击 Create New Action 按钮，输入 Logout，然后在网页中点击"退出"，从图 11-21 所示，我们可以看到录制条中的事件个数增加到了 166 个。

图 11-21　退出登录

到目前为止，我们录制了三个过程：登录、提交和退出登录过程。

4) 停止录制

按"停止"按钮停止录制，这时立即生成如下几个脚本：Action、vuser_init、submit_login、logout，如图 11-22 所示。

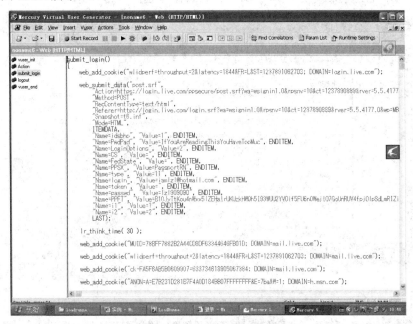

图 11-22　录制的脚本页

其中，Action 是进入到登录页面的，我们把脚本名字 Action 改为：Login。最后我们把脚本保存起来，如图 11-23 所示。

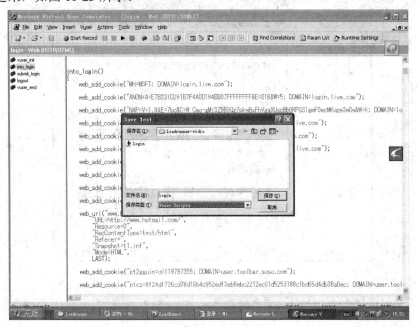

图 11-23　保存脚本

### 3. 回放脚本

回放脚本的目的是检查录制的脚本是否存在问题。首先点击 Compile 菜单(快捷键 Shift + F5)，进行编译，编译结果如图 11-24 所示。如果编译没有错误，就点击回放 Run 菜单(快捷键 F5)，得到结果概要表(Results Summary)，如图 11-25 所示。

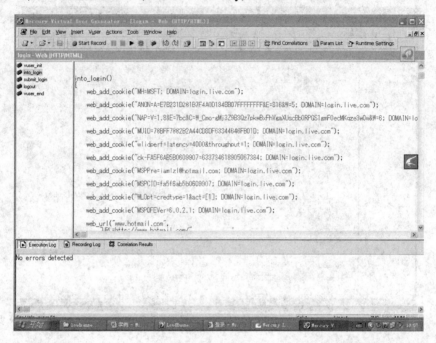

图 11-24  编译完成

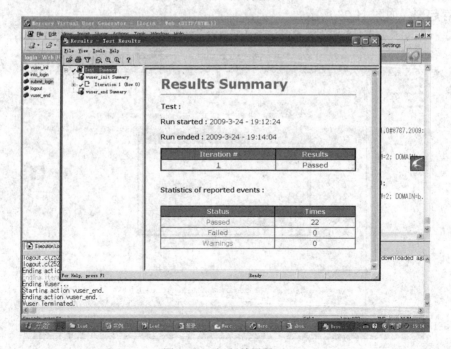

图 11-25  运行结果显示

**4. 优化脚本**

优化脚本的内容包括插入事务点、插入集合点、参数化、文本检查。

前面生成的脚本有以下三个：

(1) vuser_init：初始化脚本是个独立事件，不需要插入事务点。

(2) into_login：进入登录，也不需要插入事务点。

(3) submit_login：提交登录，可以插入事务点。

1) 插入和结束事务点

插入事务点有以下两种方法：① 直接输入函数；② 用 LoadRunner 的快捷方式 Insert 插入。

我们使用第二种方法。首先看其中的一段脚本：

```
web_submit_data("post.srf",
    "Action=https://login.live.com/ppsecure/post.srf?wa=wsignin1.0&rpsnv=10&ct=1237890889&rver=
5.5.4177.0&wp=MBI&wreply=http:%2F%2Fmail.live.com%2Fdefault.aspx&lc=2052&id=64855&mkt=zh-
CN&bk=1237890891",
        "Method=POST",
        "RecContentType=text/html",
    "Referer=http://login.live.com/login.srf?wa=wsignin1.0&rpsnv=10&ct=1237890889&rver=5.5.4177.0
&wp=MBI&wreply=http:%2F%2Fmail.live.com%2Fdefault.aspx&lc=2052&id=64855&mkt=zh-CN",
        "Snapshot=t6.inf",
        "Mode=HTML",
        ITEMDATA,
        "Name=idsbho", "Value=1", ENDITEM,
        "Name=PwdPad", "Value=IfYouAreReadingThisYouHaveTooMuc", ENDITEM,
        "Name=LoginOptions", "Value=2", ENDITEM,
        "Name=CS", "Value=", ENDITEM,
        "Name=FedState", "Value=", ENDITEM,
        "Name=PPSX", "Value=PassportRN", ENDITEM,
        "Name=type", "Value=11", ENDITEM,
        "Name=login", "Value=iamlzl@hotmail.com", ENDITEM,
        "Name=token", "Value=", ENDITEM,
        "Name=passwd", "Value=lzl123456", ENDITEM,
        "Name=PPFT", "Value=B10JyTtKou4nWxx5lZEHa!rUKUzkHWQh5I93WUU2 YVOif5
FU6n0Wej!O7GoUnRUV4fpjOlpSdLmRIZi2JoA7cROyLgPuHzGwhPqTWQMGmTO!gZ2oSstn7JVER16
a1pUAcoxklTP*EMCny!cRtYJ1YHGgDxytuav9OIsqf!BeI1ywPhUmQDOTkSUPvJVP", ENDITEM,
        "Name=i1", "Value=1", ENDITEM,
        "Name=i2", "Value=2", ENDITEM,
        LAST);
```

其中："Name=login"，"Value=iamlzl@hotmail.com"，ENDITEM，"和"Name=passwd"，"Value=lzl123456"，ENDITEM，"就是用户名称 iamlzl@hotmail.com 和密码 lzl123456。

我们在这里插入一个事务点 login_test，方法是在菜单上电击"钟表"样式的按钮，如图 11-26 所示。

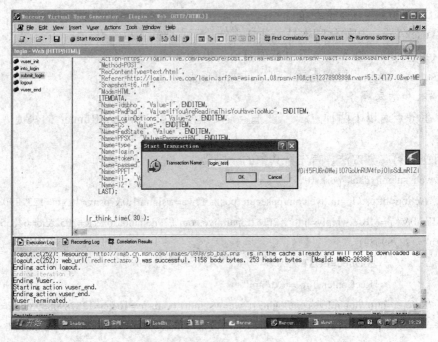

图 11-26　插入一个事务点

下面我们插入一个结束事务点，如图 11-27 所示。

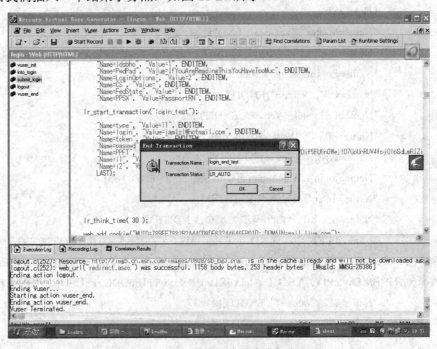

图 11-27　插入一个结束事务点

前面的事务点增加后，事务点的脚本如图 11-28 所示。

图 11-28　事务点的脚本

2) 插入集合点

下面介绍如何插入集合点。插入集合点的目的是测试某一时刻一定数量的用户同时提交任务时对系统产生的压力情况。

我们选择在提交 web_submit_data 脚本的前面插入集合点脚本。选择菜单 Insert / Rendezvous，系统显示如图 11-29 所示界面。

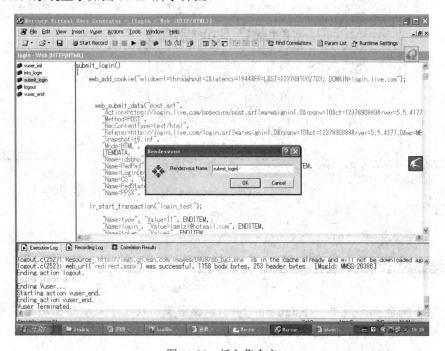

图 11-29　插入集合点

3) 参数化方法

在录制程序运行的过程中，VuGen(虚拟用户产生器)自动生成了包含录制过程中实际用到的数值的脚本。如果用户企图在录制的脚本中使用不同的数值执行脚本的活动(如查询、提交等)，那么必须用参数值取代录制的数值。这个过程称为参数化脚本。

另外，在录制程序运行的过程中，脚本生成器自动生成由函数组成的用户脚本。函数中参数的值就是在录制过程中输入的实际值。例如，你录制了一个 Web 应用程序的脚本，脚本生成器生成了一个声明，该声明搜索名称为"UNIX"的图书的数据库。当用多个虚拟用户和迭代回放脚本时，也许不想重复使用相同的值"UNIX"，那么，就可以用参数来取代这个常量。这样可以用指定的数据源的数值来取代参数值。数据源可以是一个文件，也可以是内部产生的变量。这个过程称为参数的定义。

下面我们要模拟 100 个用户登录，需要采用参数化方法实现。参数化方法有三种：菜单(insert/new parameter…)、菜单的快捷按钮(open parameter list)、在脚本中选中参数，然后按右键。

下面我们以上述最后一种方法为例说明参数化方法的使用步骤。

(1) 首先创建一个参数名称：username，如图 11-30 所示。

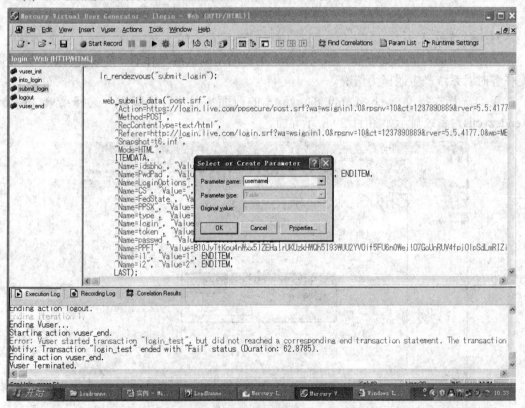

图 11-30　创建一个参数 username

(2) 接下来选择参数类型(Parameter type)。参数类型决定了从哪里引用数据源，如图 11-31 所示。参数类型有 Table、File、Database 三个。

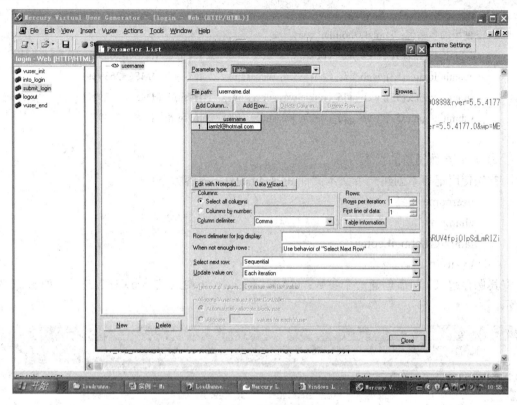

图 11-31　选择参数类型

具体设置方法如下：

① Table 参数类型的设置方法：

首先在表的 Username(列)输入数据：iamlzl@hotmail.com。利用 Add　row… 按钮可以继续加入下一行数据，单击 Close 按钮。

然后在脚本中找到“"Name=login", "Value=iamlzl@hotmail.com", ENDITEM”选中 iamlzl@hotmail.com，点击右键，选择“replace with a parameter”。

在 Parameter Name 中选择 username，单击 OK 按钮，此时脚本为“"Name=login", "Value={username}", ENDITEM”。至此，参数化完成。

如果想知道“每个事务输出的参数值”(这一步可以不做，根据需要选择)，那么就应该在“lr_end_transaction("login_end_test", LR_AUTO);”后面插入函数：

lr_log_message("使用的参数值:%s", lr_eval_string("{username}"));

运行一下程序，可以在 loadrunner 屏幕的下方看到执行过程：

into_login.c(168): web_url("security_session2.q") was successful, 79 body bytes,

487 header bytes　　[MsgId: MMSG-26386]

Ending action into_login.

Starting action submit_login.

submit_login.c(6): web_add_cookie was successful　　　[MsgId: MMSG-26392]

submit_login.c(10): Rendezvous submit_login

..............................................

使用的参数值：iamlzl@hotmail.com

submit_login.c(51): web_add_cookie was successful    [MsgId: MMSG-26392]

submit_login.c(53): web_add_cookie was successful    [MsgId: MMSG-26392]

submit_login.c(55): web_add_cookie was successful    [MsgId: MMSG-26392]

submit_login.c(57): web_add_cookie was successful    [MsgId: MMSG-26392]

..............................................

② File 参数类型的设置方法：

首先使用记事本创建一个文本文件 username.txt，内容如下：

    username

    zhangsan

    iamlzl@hotmail.com

    liyan

并将其保存起来。然后创建一个参数：user1，在 file path 处点击 browse… 选项，如图 11-32 所示。

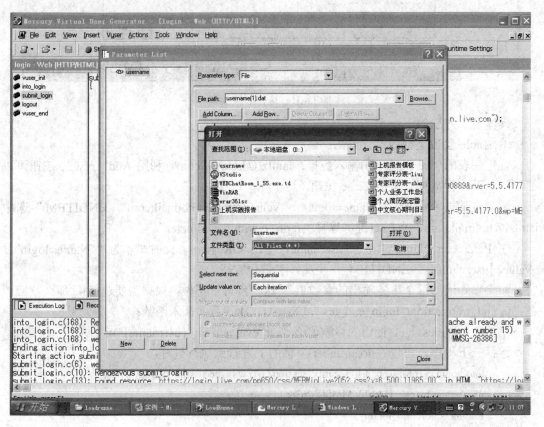

图 11-32 选择一个文件

选择文件 D:\username.txt，然后点击"打开"按钮，进入图 11-33。

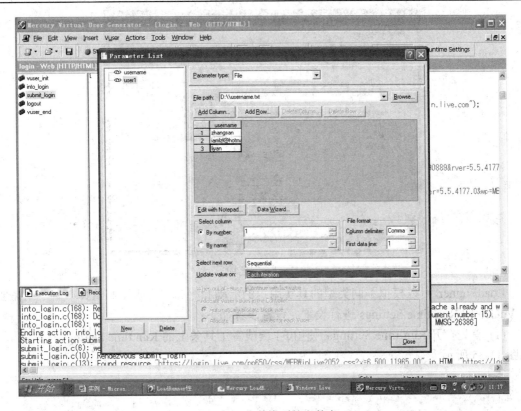

图 11-33　文件类型的参数表

由于我们的脚本中没有"zhangsan""liyan"这样的数据，所以执行时肯定会出错。

4) 文本检查

接下来的任务是进行文本检查。检查方法是：点击菜单的 View tree 快捷图标，选择查找的字符，然后右键选择"add a text check"。

至此，脚本的录制和检查已经完成，最后把当前的脚本保存起来即可。

# 11.5　创建运行场景

## 1. 创建运行场景的步骤

运行场景是描述在测试活动中发生的各种事件的。一个运行场景包括运行虚拟用户活动的 Load Generator 机器列表、测试脚本的列表、虚拟用户和虚拟用户组。

创建运行场景使用 Controller。方法为：在开始菜单中，启动 Controller 程序，出现"New Scenario"窗口。如果没有出现"New Scenario"窗口，则可以在菜单或者工具栏中点击"New"或在 VuGen 中选择"Create controller Scenario"创建场景。

创建场景的方法有两种：一种是手工创建场景方法，另一种是目标定位创建场景方法。

我们这里主要介绍手工创建场景的方法。在图 11-34 中选择 Manual Scenario 项进行手动场景设置。

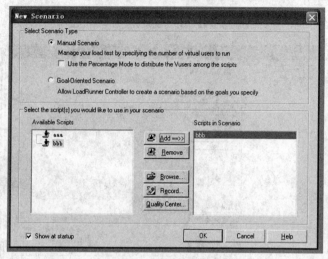

图 11-34    创建场景

　　LoadRunner 可以模拟不同类型的真实用户的活动和行为。完善了测试脚本后，则需要对 VuGen 的 Run-time Settings 进行设置。设置步骤如下：

　　(1) 首先打开 Run-time Settings：使用 F4 键或者工具条上的 Run time Settings 按钮打开，如图 11-35 所示。

图 11-35    Run time Settings 工具条

　　(2) 在 VuGen 中进行的 Run-time Settings 设置只适用于在 VuGen 中运行脚本，在 Controller 中运行脚本时，需要在 Controller 中重新进行 Run-time Settings 的设置。Run-time Settings 窗口如图 11-36 所示。

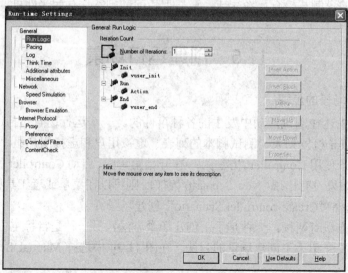

图 11-36    Run-time Settings 设置

如何模拟不同类型的用户呢？我们可以在测试过程中配置各种不同的负载行为。这里介绍四种类型的脚本(分别对应四种不同的负载行为)。

1) 设置 Run Logic

设置脚本重复运行的次数：Number of iterations 为 4。

2) 设置 Pacing

设置重复活动时的间隔时间。选择第 3 项：random，间隔为每 60～90 s 重复一次，如图 11-37 所示。

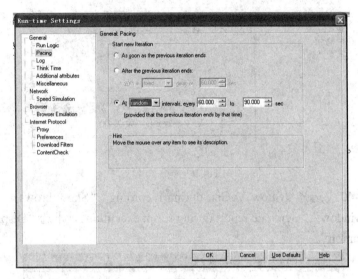

图 11-37　设置 Pacing Setting

3) 设置 Log

设置信息级别。这里推荐最好运行一下场景，产生一些日志。方法是：选择 Extended log 和 Parameter substitution，如图 11-38 所示。

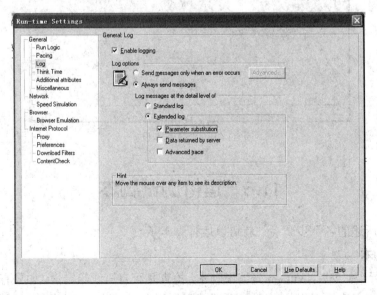

图 11-38　设置 Log

4) 设置 Think Time

选择 Think Time，一般不要作任何改变。点击 OK 按钮，即可关闭 Run-Time Settings。

**2. 在实际运行时如何查看脚本**

(1) 选择 Tools/General Options … 和 Display 菜单，如图 11-39 所示。

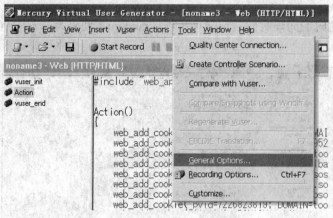

图 11-39　查看脚本

(2) 在图 11-40 中选择"Show VuGen during recording""Show browser during replay" "Auto arrange window""Generate report during script execution"，不选"Display report at the end of script execution"。

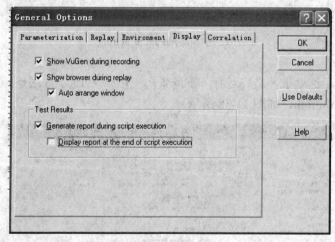

图 11-40　查看基本设置

# 11.6　运行测试脚本

完成以上所述的各个步骤后，就可以运行脚本了。

**1. 编译脚本**

执行"运行"命令后，VuGen 先编译脚本，检查是否有语法等错误。如果有错误，VuGen 将会提示错误。双击错误提示，VuGen 能够定位到出现错误的那一行。为了验证脚本的正确性，我们还可以调试脚本，比如在脚本中加断点等，操作和在 VC 中完全一样。

如果编译通过，点击"Run"项即可运行脚本，如图 11-41 所示。最后会出现运行结果，运行结果如图 11-42 所示。如果运行出现错误，则在结果中显示详细的错误信息。

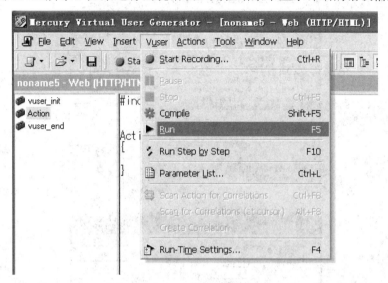

图 11-41　运行脚本

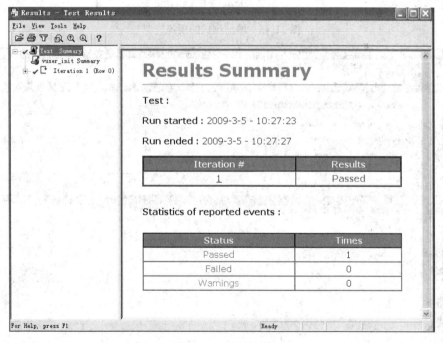

图 11-42　运行结果

## 2. 运行测试

运行测试时，首先打开 controller，点击 run load test 按钮，选择脚本文件名称，点 Add 按钮增加测试资源(这里是本机的 IP 地址 10.10.15.130)，如图 11-43 所示，点击 OK 按钮，进入测试运行阶段，如图 11-44 所示。

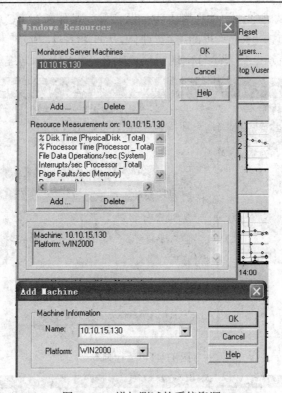

图 11-43　增加测试的系统资源

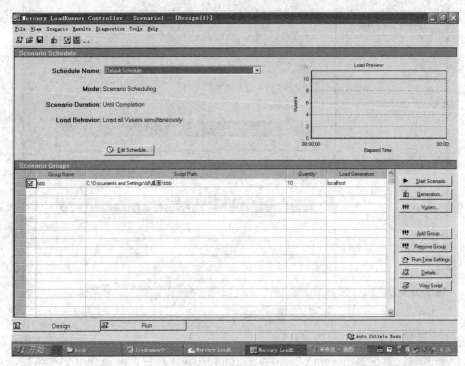

图 11-44　测试运行

最后点击 Start Scenario 按钮开始运行场景脚本。由图 11-45 可以看到动态跟踪情况。

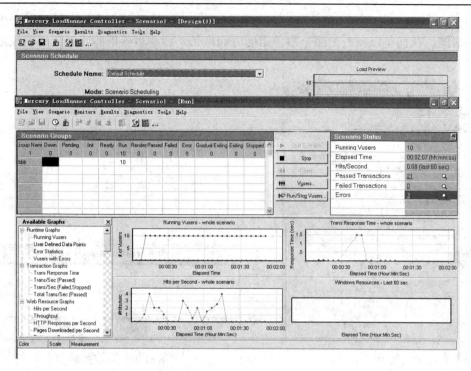

图 11-45 场景运行

# 11.7 分析及监视场景

在运行脚本的过程中，可以监视各个服务器的运行情况(DataBase Server、Web Server 等)。监视场景通过添加性能计数器来实现。

如果需要，可以增加要监测的对象，如在 Run 中选择 Windows Resources 的趋势图，点击鼠标右键，使用 Add Measurements 增加要监视的对象，如内存、CPU 等，如图 11-46 和图 11-47 所示。

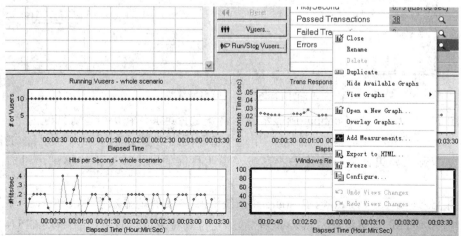

图 11-46 增加要监视的对象

如图 11-48 所示，通过 Trans Response Time(事务响应时间)图，可以判断完成每个事务所用的时间，从而可以判断出哪个事务用的时间最长，哪些事务用的时间超出了预定的可接受时间。

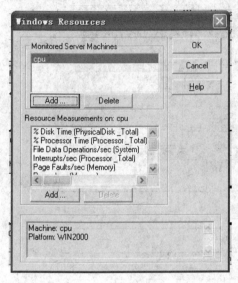

图 11-47　增加监视 CPU

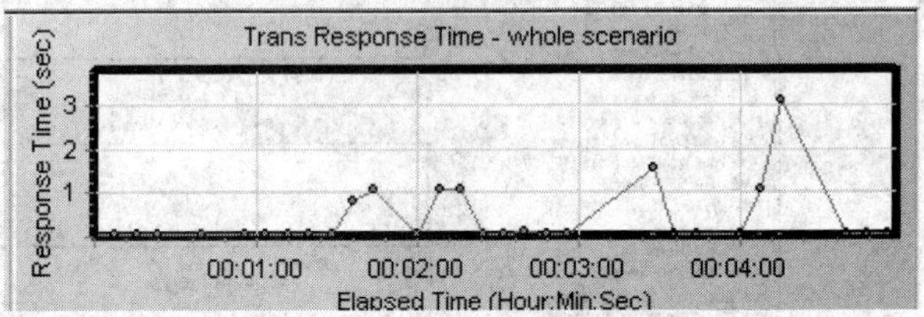

图 11-48　监视图表

通过点击屏幕(如图 11-44 所示)最下面的工具栏中的 Design/Vusers... 项，还可以查看虚拟用户的情况，如图 11-49 所示。

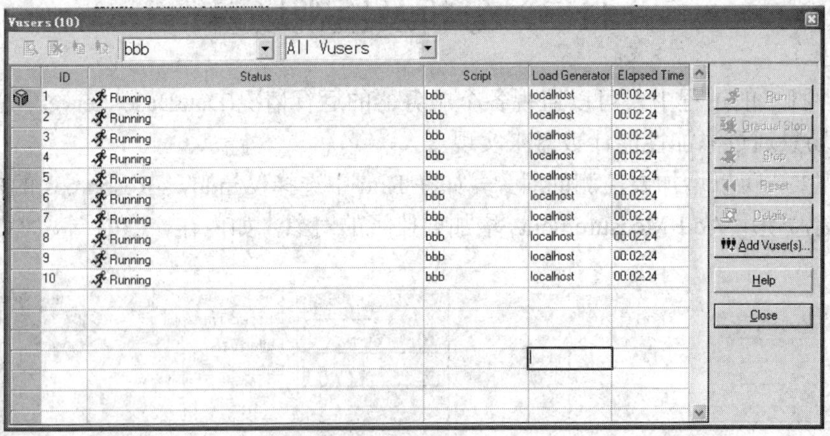

图 11-49　虚拟用户的情况

如图 11-50 所示，Throughput 图显示网络带宽是否足够，在场景运行期间的每一秒钟，从 Web Server 上接收到的数据量的值。用这个值和网络带宽比较，可以确定目前的网络带宽是否是瓶颈。如果该图呈比较平的直线，说明目前的网络速度不能够满足目前的系统流量。

如图 11-51 所示，Windows Resources(系统资源)图实时地显示了 Web Server 系统资源的使用情况。利用该图提供的数据，可以把瓶颈定位到特定机器的某个部件(如 CPU、MEM、I/O)。在 Windows Resources 图中点右键可增加本机的 IP 地址(10.10.11.130)。

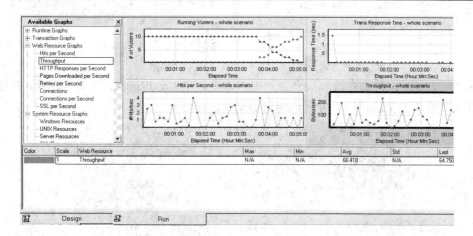

图 11-50　Throughput——网络带宽

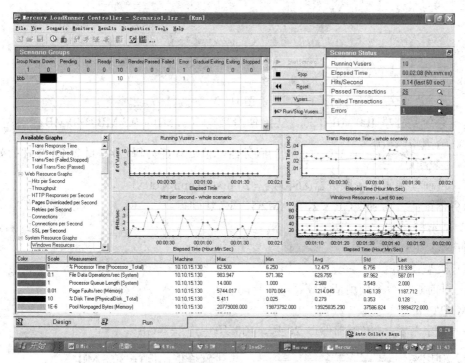

图 11-51　系统资源情况

　　场景运行结束后，需要使用 Analysis 组件分析结果。而 Analysis 组件的使用可以在"开始程序"菜单中启动，也可以在 Controller 中启动。

# 本 章 小 结

　　本章主要介绍了 LoadRunner 性能测试工具的测试流程：分析测试需求、创建测试脚本、创建运行场景、运行测试脚本、分析与监视负载测试。

　　另外，本章还通过一个测试实例详细介绍了建立脚本的过程。

# 习　　题

图 11-52 是天津移动在线邮局介绍。根据以下使用 LoadRunner 测试工具测试并发用户为 200 人时系统的负载情况，并写出测试用例和测试过程。

图 11-52

目前系统是独享 100 MB 带宽，实际使用带宽 30.8 MB + 9.3 MB ≈ 40 MB。

$\dfrac{100 万(用户) \times 20 封}{86400\,s} = 230$ 封。根据服务器峰值处理能力每秒 40 封 2 KB 邮件的处理能力计算，目前使用了 6 台服务器(86400 s = 24 h × 60 min × 60 s)。

服务器配置：至强 2 GB × 2，RAM2G，SCAI 硬盘。

(1) 基本情况。

用户数：120 万户。

客户类型：ISP。

(2) 目前邮件系统使用情况。

SMTP/POP3：

输入量字节数：2 KB(邮件) × 20 封 × 100 万(用户) = 4 GB

输入利用率：$\dfrac{4\,GB \times 100 / 86400\,s}{0.6(以太网带宽利用率)} \times 4(带宽峰值比例) = 30.8\,MB$

网上商城(Web Mall)请求：

输入量：2 KB × 20 封(页面请求) × 30 万(用户) = 12 GB

输入利用率：$\dfrac{1.2\,GB \times 100 / 86400\,s}{0.6(以太网带宽利用率)} \times 4(带宽峰值比例) = 9.26\,MB$

实际通过 Web 方式访问比例 30%。

# 第 12 章　软件项目管理

软件项目管理的对象是软件工程项目，它所涉及的范围覆盖了整个软件工程过程。软件项目是个多学科、技术性强的工程项目。为使软件项目获得成功，项目经理必须对项目管理体系非常熟悉，而且运用自如。项目经理要对项目的工作范围、可能风险、需要资源(人、硬件/软件)、要实现的任务、经历的里程碑、需花费的工作量(成本)、进度安排等做到心中有数。

## 12.1　项目管理的概念

### 12.1.1　项目的定义

项目是为了一个明确的目标而组织人力去创造独特的产品、服务或结果而进行的一次性工作过程。

这里注意项目指的是一个过程，而不是过程终结后的成果。另外，项目是一种一次性的工作，它是指在规定的时间内为一个明确的目标，在一定可以利用的资源内专门组织起来的人员运用多种学科的知识来解决问题。

根据以上讨论，我们想一想下面这些是不是项目：

(1) 处理索赔；(2) 开订单或发票；(3) 生产某产品；(4) 在餐馆做饭；(5) 每天在同一个路线乘车；(6) 结婚请客。

### 12.1.2　项目的特点

#### 1．项目的特点

从项目的定义可以归纳出项目有如下特点：

(1) 项目的合作性。项目由多个阶段、多个组织组成，因此需要多方合作才能完成。

(2) 项目的短暂性。项目是一个过程，必须在一定时间限制内完成，所以它有一次性和临时性的特点。

- 一次性：项目有确定的起点和终点，没有可以完全照搬的先例。
- 临时性：项目组织在项目的全过程中，其人数、成员、职责是在不断变化的。例如，某些项目班子的成员是借调来的，项目终结时班子要解散，人员要转移。参与项目的组织往往有多个，他们通过协议、合同以及其他的社会关系组织到一起，在项目的不同时段不同程度地参加项目活动。可以说，项目组织没有严格的边界，是临时性的。

（3）项目的目标性。项目都是带有一定目的去做的。项目有确定的目标，例如时间目标（在规定的时段内或规定的时点之前完成）、成果目标等。

项目目标是允许变更的，但是必须在一定幅度内变更。一旦项目目标发生实质性变化，它就不再是原来的项目了，而将产生一个新的项目。

（4）项目的可预测性。因为项目有目标性，所以项目的目的是可以预测的。

（5）项目的可限制性。这里主要是指人力和资金的限制。项目资源都离不开"人、机、料"，资源分为消耗性资源和非消耗性资源。时间、材料、资金这些都属于消耗性资源。

（6）项目的动态性。项目的实施过程是动态变化的。它随着时间的变化、人力的变化、资源的变化而变化，经常对计划进行调整才能达到目标。

（7）整体性。项目中的一切活动都是相关联的，构成一个整体。多余的活动是不必要的，缺少某些活动必将损害项目目标的实现。

（8）独特性。每个项目都是独特的，或者项目提供的成果有自身的特点，或者项目本身和社会条件跟其他项目区别很大。

### 2．项目的三大要素

无论是什么样的项目，都包括这三个基本要素：时间、费用和范围，它们组成一个项目三角形。

## 12.1.3　项目的生命周期

在讨论生命周期前我们先认识三个基本名词：检查点、里程碑、基线。

### 1．检查点

在项目执行过程中每隔一定时间段要进行检查，目的是检查项目的实际执行情况和计划的差异，以便随时调整计划。所以每个检查日就是检查点。

### 2．里程碑

里程碑是项目执行过程中的工作标志。它规定了在规定的时间内做什么，从而可以合理分配工作。

### 3．基线

基线是指一个或一组分项目在生命周期的不同时间点上通过评审进入受控的一个状态，它是一个重要的里程碑。

### 4．项目的生命周期

项目的生命周期分为四个阶段：项目识别需求、提出解决方案、执行项目阶段、项目结束阶段。

（1）项目识别需求。这个阶段的主要工作是确认需求、分析投资效益、分析项目的可行性等。

（2）提出解决方案。这个阶段的主要工作是提出解决技术问题的方案、确定设备来源等。

（3）执行项目阶段。这个阶段的主要工作是细化目标、制定计划、协调人力资源、预测项目风险和调整计划。

（4）项目结束阶段。这个阶段包括移交工作产品、结清各项款项和项目总结等工作。

### 12.1.4　软件项目的特点

软件开发不同于其他产品的生产，有其独特的特点。软件开发不需要使用大量的物质资源，而主要是人力资源。并且软件开发的产品只是程序代码和技术文件，并没有其他的物质结果。基于上述特点，软件项目管理与其他项目管理相比，有很大的独特性。

软件项目有如下特点：

(1) 软件项目技术要求高，是智力密集型项目。

软件项目是个技术性很强，多学科知识相互渗透的项目，是一个团队为了项目的目标共同完成的。一个人无法很好地完成一个项目，因为一个项目涉及多种技术与多种知识，例如一个银行自动取款机(ATM)，需要机械知识、光学知识、计算机技术(人工智能技术、软件开发技术、自动化技术等)、文档写作功能、质量管理功能，以及产品测试技术等。

(2) 软件项目是一个无形的逻辑实体。

软件在开发前用户或投资者就已经知道项目的最终模型，而且它是个不可见的逻辑实体。软件产品的质量很难用简单的尺度加以度量。

(3) 对人的素质要求高。

软件项目是个技术含量很高的项目，要求团队紧密合作才能完成。所以不但个人的素质要高，而且团队的素质也要高。这个特点很突出，项目经理必须高度重视。

(4) 软件项目是劳动密集型项目，自动化程度低。

软件产品不像其他产品，有个制造机器和流水化产品制造过程，原材料从一头输入进去，产品从另一头出来；是看得见摸得着的。软件项目的各个阶段——可行性分析、调研、需求分析、系统分析、软件设计、编程、测试、维护等都渗透着大量的手工工作，是不能用一台机器来替代的。

(5) 文档的工作量大。

在开发过程中，开发的软件以及相关的文档经常需要修改，文档资料的编制工作在整个项目中占了很大的比重，而且十分重要。

(6) 技术人员的流动性大。

技术人员往往技术水平越高，流动性越大，所以很多股份公司经常采用让他们入股的形式来"拴"住高层技术和管理人员。因此，要管理这些人员需要很高的管理水平。

## 12.2　项目管理体系介绍

#### 1. 项目管理的定义

项目管理是把知识、技能、工具和技术应用于项目各项活动之中，以实现或超越项目干系人对项目的要求和期望。

#### 2. 常用的项目管理技术

常用的项目管理技术是：任务分解结构技术 WBS(Work Breakdown Structure)，甘特图，项目评审技术，关键路径法。

### 3. 项目管理的特点

项目管理是在一个确定的时间里，为完成一个既定的目标，通过特殊形式临时组织运行机制，通过有效的计划、组织、领导与控制，充分利用既定有限的资源的一种系统管理方法。

从项目管理的定义出发，我们总结出项目管理有以下特点：

(1) 项目管理是个复杂的工作。

因为项目管理一般由多个部分组成，其工作性质是跨组织的，需要多学科的知识来解决的工作问题，在项目执行中有很多未知因素，而且这些因素有很多的不确定性。项目组成员来自不同的职能部门，经历不同，性格不同，而且项目组是一个临时组织，所以项目管理是个复杂的工作。

(2) 项目管理具有创造性。

由于项目是一次性的工作，要承担一定的风险，所以要发挥自己的创造性才能做好此项目。

(3) 项目管理具有寿命周期。

项目管理的本质是一次性工作。必须在规定的时间内完成，因此它具有一定的预知寿命周期。

### 4. PMBOK、PMP 与 PMI 的概念

(1) PMBOK：项目管理知识体系(Project Management Body of Knowledge，也简称为 PMBoK)。截至今日，PMBOK 已经是第 6 版了，它把项目管理划分为 10 大知识领域，即项目整合管理、项目范围管理、项目时间管理、项目成本管理、项目质量管理、项目人力资源管理、项目沟通管理、项目风险管理、项目采购管理、项目干系人管理。

项目整合管理(以前版本称为项目综合管理或项目集成管理)包括 6 个子过程：制定项目章程；制定项目管理计划；指导与管理项目执行；监控项目工作；实施整体变更控制；结束项目或阶段。

项目范围管理，包括 6 个子过程：规划范围管理；收集需求；定义范围；创建 WBS；确认范围；控制范围。

项目时间管理(亦称进度管理)，包括 7 个子过程：规划进度管理；定义活动；排列活动顺序；估算活动资源；估算活动持续时间；制定进度计划；控制进度。

项目成本管理，包括 4 个子过程：规划成本管理；估算成本；制定预算；控制成本。

项目质量管理，包括 3 个子过程：规划质量管理；实施质量保证；控制质量。

项目人力资源管理，包括 4 个子过程：规划人力资源管理；组建项目团队；建设项目团队；管理项目团队。

项目沟通管理，包括 3 个子过程，：规划沟通管理；管理沟通；控制沟通。

项目风险管理，包括 6 个子过程：规划风险管理；识别风险；实施定性风险分析；实施定量风险分析；规划风险应对；控制风险。

项目采购管理，包括 4 个子过程：规划采购管理；实施采购；控制采购；结束采购。

项目干系人管理，包括 4 个子过程：识别干系人；规划干系人管理；管理关系人参与；控制干系人参与。

(2) PMP：项目管理专业资格认证。它是由美国项目管理协会(Project Management

Institute，简称 PMI)发起的，严格评估项目管理人员知识技能是否具有高品质的资格认证考试。其目的是为了给项目管理人员提供统一的行业标准。目前，美国项目管理协会建立的认证考试有 PMP(项目管理师)和 CAPM(项目管理助理师)，且已在全世界 190 多个国家和地区设立了认证考试机构。

(3) PMI：美国项目管理协会(Project Management Institute)，成立于 1969 年，是全球领先的项目管理行业的倡导者，它创造性地制定了行业标准，由 PMI 组织编写的《项目管理知识体系指南》(PMBoK)已经成为项目管理领域最权威的教科书，被誉为项目管理的"圣经"。PMI 目前在全球 190 多个国家有 80 多万会员和证书持有人，是项目管理专业领域中由从业人员、研究人员、顾问和学者组成的全球性的专业组织机构。

**5．项目干系人**

项目干系人指在项目中有既定利益的任何人，具体包括：客户、项目发起人、项目经理、供货商、贡献者、项目投资者以及项目涉及公共设施的当地居民。

# 12.3　项目整合管理

项目整合管理包括保证项目实施的各个目标的实现。它具体包括：项目计划的制订、项目计划的实施、综合变更控制、项目工作范围的确定和计划的跟踪等。这些过程和项目其它开发阶段的知识是相互渗透的，而且同时包含多个人的共同努力。

## 12.3.1　项目计划的制订

制订计划的方法可以用人工书写，也可以使用软件工具、项目管理工具等，如管理工具 Projeet 2000、项目管理信息系统、挣值管理(是一种将资源计划编制与进度安排、技术成本和进度要求相关联的管理技术，英文缩写为 EVM)等。

项目计划要给出计划文档，如《里程碑计划》《风险管理计划》《范围管理计划》《进度管理计划》《成本管理计划》《质量管理计划》《人员管理计划》《沟通管理计划》《采购管理计划》《风险应对计划》等，并附上计划制订的详细依据。

## 12.3.2　项目计划的实施

项目计划的实施主要依据的是上面提到的各项目计划及其依据和措施。在实施过程中还可能用到如下工作方法：

(1) 工作授权：对于计划中没有的内容，可以以口头或者书面形式授权执行；

(2) 绩效检查例会：为了激励员工，采用绩效考核方法。

## 12.3.3　综合变更控制

随着需求的变更，软件版本不断变化。随着软件人员的更替，开发时间的不确定，使得软件开发面临越来越多的困难。

一个公司由于多种产品的开发和维护导致版本混乱。为保证产品版本的准确性，需要

加强开发政策的统一和对特殊版本需求的处理。解决这些问题的唯一途径是加强软件变更
管理。

变更管理主要考虑的是保持项目计划的完整性。变更使用的技术包括软件配置管理技术和软件配置管理工具。目前常用的软件配置管理工具有 Rational ClearCase、Visual Source Safe 和 WinCvs 等。

# 12.4　目范围的管理

对项目进行定义、确认并计划只是成功管理一个项目的第一步。范围管理是项目成功的关键因素之一。一旦项目开始进行，客户就会不断要求你完成超出原来范围的工作，或者与原来范围不同的工作。这时使用范围管理知识进行管理是解决这一问题的有效途径。

项目范围的管理主要有：项目范围计划的编制、项目范围的定义、范围变更的控制。

## 12.4.1　项目范围计划的编制

项目范围计划也称项目工作范围说明书，其主要内容如下：

(1) 项目内容的边界：描述哪些是项目范围以内的，哪些是范围以外的，交付成功的产品是什么。

(2) 功能性描述：描述项目的结果具有何种功能以及功能的分解(WBS)；

(3) 特性标准的定义：定义项目的性能标准、可用性标准、使用特性等；

(4) 环境的定义：定义项目研发、项目测试所使用的环境；

(5) 条件的定义：指出项目的假定条件、例外条件和约束条件；

(6) 实现方法的定义：定义项目实施过程、流程以及使用的标准；

(7) 项目产品的定义：指出项目所需定制或集成的本公司产品或第三方标准产品；

(8) 项目服务的定义：指出项目期间和项目交付后的服务有哪些，如维修服务等；

(9) 项目标准定义：指出项目交付成功和验收的标准。

## 12.4.2　项目范围的定义

项目范围是项目管理里最重要的一部分。定义项目范围的目的是把项目的逻辑范围清楚地描述出来并获得认可。范围陈述被用来定义哪些工作是包括在该项目内的，而哪些工作又是在该项目范围之外的。能够把项目范围定义得越清楚，项目目标就会越明确。

在定义项目范围时要注意考虑如下几个方面：

(1) 范围内和范围外的产品交付类型；

(2) 范围内和范围外产品的生命周期流程；

(3) 范围内和范围外的数据类型；

(4) 范围内和范围外的数据来源或数据库；

(5) 范围内和范围外的组织 ；

(6) 范围内和范围外的主要功能。

### 12.4.3 范围变更的控制

范围变更是对已经批准的工作分解结构所规定的项目范围的修正。项目范围的变更经常引起如下几个方面的调整：项目投资成本、项目时间、项目质量目标等。

# 12.5 项目时间管理

项目的时间管理(或进度管理)应通过项目进度报告、项目进度会议等手段，切实了解项目进度，评估项目的进展情况及未按计划完成的原因，制定相应的行动方案，在必要时，将有关问题提交项目管理协调委员会。具体使用的工具包括：

(1) 每周项目进度报告；

(2) 项目任务制定表；

(3) 每周工作考勤报告；

(4) 问题清单、尚待处理事项清单等；

(5) 编写《项目进度计划书》。

项目组成立后做的第一件事是编写《项目进度计划书》，在计划书中描述开发日程安排、资源需求、项目管理等各项情况。计划书主要向公司各相关人员发放，使他们大体了解该软件项目的情况。对于计划书的每个内容，都应有相应的具体实施手册，这些手册是供项目组相关成员使用的。

# 12.6 项目成本管理

项目成本管理首先考虑的是完成项目活动所需要的资源成本。项目的成本管理需要编制的文档有：《项目资源计划》《项目成本预算》和《项目成本控制》。

### 12.6.1 项目资源计划

编制项目资源计划要充分利用以下信息：

(1) 项目的任务分解(WBS)；

(2) 历史信息资料；

(3) 项目范围；

(4) 项目资源库。

### 12.6.2 项目成本预算

项目成本的预算可以使用类比估算法、参数估算法、自下而上法、三点估算法和成本估算软件等。

1) 类比估算法

类比估算法也称为自上而下法，它利用以前类似项目的实际成本作为估算的依据。

这种方法的操作过程是：首先，项目的上层管理人员收集以往类似项目的有关历史资料，以过去类似项目的参数值(例如持续时间、预算、规模、重量和复杂性等)为基础，并且依据自己的经验和判断，估算当前(或将来)相同项目的总成本和各分项目的成本；然后，将估算结果传递给下一层管理人员，并责成他们对组成项目和子项目的任务和子任务的成本进行估算，接着继续向下传送其结果，直到项目组的最基层人员。

自上而下的估算方法是一种专家判断的方法，它所使用的数据多数来自于历史经验值。很多时候企业领导在做成本估算时，多半使用的是自上而下的估算成本的方式，一般是比较以前做类似项目时所花的费用，或者是咨询其他公司的人做类似的项目的费用。这其实就是一种基于经验和历史数据来做出估算的方法。

这种方法简单易行，尤其当项目的资料难以取得时，它的确是一种估算项目总成本行之有效的方法。但是，它也有一定的局限性，进行成本估算的上层管理者根据他们以往类似项目的经验对当前项目总成本进行估算时，由于项目具有一次性、独特性等特点，在实际生产中，根本不可能存在完全相同的两个项目，因此这种估算的准确性较差。

2) 参数估算法

参数估算法是一种基于历史参数和项目参数，对项目特征(或参数)使用某种算法来计算成本或项目周期的成本估算技术。再进一步说，是利用历史数据与其他变量(如软件开发中的代码行数)之间的统计关系来估算诸如成本、预算、持续时间等活动参数。例如，可以把计划工作量乘以历史的单位成本量得出成本估算值。

参数估算法的准确性取决于参数模型的成熟度和基础数据的可靠性。参数估算可以针对某个项目或者项目中的一部分，并可以与其他估算方法联合使用。

参数估算法和类比估算法的区别是：类比估算使用一个历史信息，而参数估算使用数据库，且历史信息越多越好。

3) 自下而上法

自下而上法是对工作组成部分进行估算的一种方法。该方法先把工作分解为更细节的部分，估计各个单位工作的独立成本；再对低层次上每个细节部分所需的投入进行估算；最后汇总得到整个工作所需的总投入，自下而上汇总出项目总成本。

自下而上估算方法的准确性取决于较低层次上的工作的规模和复杂程度，其特点是：

(1) 不使用历史信息，而是对估算对象进行分解，化整为零；降低了对估算者的要求。

(2) 提高了估算的精确程度，是最为可靠、最准确的估算方法。当估算准确性要求很高的时候，应该使用自下而上估算。

(3) 可以用于资源、成本估算，但是不能用来估算活动持续时间(项目周期)。

4) 三点估算法

在我们估算成本的过程中，最常用的方法还是三点估算法。三点估算法源于计划评审技术，在这种技术中，三点估算法最大的好处就是把项目可能会面临的风险因素考虑进去了。

在三点估算法中，有三个最常用的值，分别是最乐观的估计(a)、最有可能的估计(m)、最悲观的估计(b)。把这三个数值进行加权平均计算，用最乐观成本加上最悲观成本，再加上4倍的最可能成本，然后除以6，就会得到我们需要的估算值，见下面公式：

$$估算值 = \frac{a + 4m + b}{6}$$

三点估算法其实也成功地帮我们控制了风险。

当我们讨论最乐观的情况时，考虑的是所有的风险都不会发生；而当我们讨论最悲观的情况时，考虑的是所有的风险都发生了。这是两种极端的情况。最可能的估计是我们基于历史经验，参照其它类似项目的花费，这是基于可能性最大的情况作出的估算。

把这三种情况的数值进行加权平均计算之后，得到的才是最接近实际项目成本的估算。基本上所有的大型项目会采用这种方法来进行成本的估算。

5) 成本估算软件

除上面介绍的估算方法(技术)之外，目前国内外开发了不少软件工具来帮助项目经理估算项目成本。这些工具可以简化一些成本估算技术，便于进行各种成本估算方案的快速计算。例如 Android RTC 自下而上分析工具。

除上述方法外，还有甘特图法、工料清单法、财务预算法、储备分析法和质量成本法，它们也是估算成本比较常用的方式。这里不再赘述。

综合上述，估算成本最常见的方式是类比估算法(或自上而下估算法)和自下而上估算法。自上而下估算更多的是基于过往经验和数据做出的成本预测，自下而上估算是先对单个活动或工作包进行具体详细的估算，然后向上汇总，得到完成项目所需的总体成本。而使用三点估算的好处是，在估算成本时，考虑到了项目可能面临的风险和不确定因素，使用这种方法估算出来的成本是比较接近项目实际成本的。

在做成本估算的时候，除了估算完成项目活动的直接成本，还要考虑应对风险和提升质量的间接成本。

### 12.6.3　项目成本控制

项目成本控制包括如下几个方面：

(1) 监视成本执行，找出计划的偏差；

(2) 确保基准计划中记录的有关变更；

(3) 将核准的变更及时通知项目干系人。

当项目成本出现偏差时，必须找出同其他控制过程(范围变更控制、进度计划控制和质量控制等)的关联并紧密结合起来考虑，否则后期可能会出现无法接受的风险。

项目成本控制应完成如下工作：

(1) 完成修改后的成本估算；

(2) 进行成本预算的更新；

(3) 制定未来预期的成本控制采取的纠正措施；

(4) 完成项目总成本的预测工作。

## 12.7　项目质量管理

项目质量管理包括三个方面的内容：项目质量计划的编制，项目质量保证，项目质量控制。

项目管理组织应当区分质量和等级的概念。质量的定义是"实体中与它满足明确需求和隐含需求的能力相关的所有特性的总和",而等级的定义是"对功能用途相同但质量要求不同的实体所做的分类或排序"。

## 12.7.1　项目质量计划

项目质量计划的编制需要具备如下几个条件:

(1) 有质量政策;

(2) 有项目范围说明书;

(3) 有产品质量说明书;

(4) 有质量标准和规范。

计划的编制可以通过系统流程图和因果分析图来帮助完成。另外,在计划编制中要对操作进行定义,操作定义也称为"度量标准",同时质量管理团队不仅要对计划的日程安排给出度量,还要对每一个活动是否必须按时开始和按时结束给出度量。

## 12.7.2　项目质量保证

项目质量保证是指通过项目质量计划,规定在项目实施过程中执行公司质量体系,针对项目特点和用户特殊要求采取相应的措施,使用户确信项目实施能符合项目的质量要求。质量保证是指为使人们确信某一产品或服务的质量能满足规定的质量要求而进行的必要的有计划、有系统的全部活动。

项目质量保证分为内部保证和外部保证。

内部保证是由组织内部的 SQA(软件质量保证)来控制的。外部保证是由使用项目产品的用户来控制的,例如企业进行质量保证的标准有 ISO9000 质量体系和 CMMI。

外部保证是靠国际标准化组织(ISO)制定的 ISO9000 质量管理体系保证的。ISO 是世界上最主要的非政府间国际标准化机构,成立于第二次世界大战以后,总部位于瑞士日内瓦。ISO9000 不是指一个标准,而是一组标准的统称。

CMMI 的全称为 Capability Maturity Model Integration,即能力成熟度模型集成。CMMI是 CMM 模型的最新版本。

CMM 模型自 20 世纪 80 年代末推出,并于 20 世纪 90 年代广泛应用于软件过程的改进以来,极大地促进了软件生产率的提高和软件质量的提高,为软件产业的发展和壮大做出了巨大的贡献。

然而,CMM 模型主要用于软件过程的改进,促进软件企业软件能力成熟度的提高,但它对于系统工程、集成化产品和过程开发、供应商管理等领域的过程改进都存在缺陷,因而人们不得不分别开发软件以外其他学科的类似模型。

## 12.7.3　项目质量控制

项目质量控制是指对于项目质量实施情况的监督和管理。对于软件来说,软件质量的控制是软件测试团队利用软件测试技术来进行的。

软件测试的主要目的在于发现软件存在的错误,如何处理测试中发现的错误将直接影响到测试的效果。只有正确、迅速、准确地处理这些错误,才能消除软件错误,保证要发布的软件符合需求设计的目标,控制软件的质量。

## 12.8　项目沟通管理

项目沟通管理包括编制沟通计划、信息发布和项目收尾工作。

项目沟通计划的目的是让大家对于项目的信息及时收到计划。其主要工作包括:什么时间开什么会议,什么时间发布什么信息,以及项目收尾的信息等。

信息发布就是以书面方式(正式的)或用项目工具(非正式的,如即时沟通软件)让所有项目干系人收到所需要的信息。信息发布过程如图 12-1 所示。

项目收尾工作包括项目文档的整理、项目数据的整理、项目记录的收集和项目成功或失败的经验教训总结。

这些工作需要项目组所有人员一起来完成。

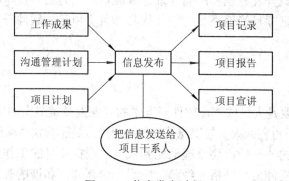

图 12-1　信息发布过程

## 12.9　项目人力管理

### 12.9.1　项目组织

项目人力管理主要是对项目的人力资源进行管理。在确立项目要做之后,首先要成立项目管理委员会。

项目管理委员会下设项目管理小组、项目评审小组和软件产品项目组。项目管理委员会是公司项目管理的最高决策机构,一般由公司总经理、副总经理组成,其主要职责如下:

(1) 依照项目管理相关制度管理项目;

(2) 监督项目管理相关制度的执行;

(3) 对项目立项、项目撤销进行决策;

(4) 任命项目管理小组组长、项目评审委员会主任、项目组组长。

**1. 项目管理小组**

项目管理小组对项目管理委员会负责,一般由公司管理人员组成。其主要职责如下:

(1) 草拟项目管理的各项制度；

(2) 组织项目阶段评审；

(3) 保存项目过程中的相关文件和数据；

(4) 为优化项目管理提出建议。

**2．项目评审小组**

项目评审小组对项目管理委员会负责，可下设开发评审小组和产品评审小组。项目评审小组一般由公司技术专家和市场专家组成，其主要职责如下：

(1) 对项目可行性报告进行评审；

(2) 对市场计划和阶段报告进行评审；

(3) 对开发计划和阶段报告进行评审；

(4) 项目结束时，对项目总结报告进行评审。

**3．软件产品项目组**

软件产品项目组对项目管理委员会负责，可下设软件项目组和产品项目组。软件项目组和产品项目组分别设开发经理和产品经理。其成员一般为公司技术人员和市场人员。他们的主要职责是：根据项目管理委员会的安排具体负责项目的软件开发和市场调研及销售工作。

## 12.9.2　人员配置

软件开发成本主要是人员成本，软件开发中的开发人员是最大的资源。对人员的配置、调度安排贯穿整个项目过程，人员的组织管理是否得当，是影响软件项目质量的决定性因素。

首先在软件开发的一开始，要合理地配置人员，根据项目的工作量、所需要的专业技能，再参考各个人员的能力、性格、经验，组织一个高效、和谐的开发小组。一般来说，一个开发小组的人数在 5～10 人最为合适，如果项目规模很大，可以采取层级式结构，配置若干个这样的开发小组。

在选择人员的问题上，要结合实际情况来决定。并不是一群高水平的程序员在一起就一定可以组成一个成功的小组。可以把技术水平、与本项目相关的技能和开发经验以及团队工作能力作为考查标准。(反例：一个一天能写一万行代码但却不能与同事沟通的程序员，未必是一个好的程序员。)

还应该考虑分工的需要，合理配置各个专项的人员比例。例如一个网站开发项目，小组中有页面美工、后台服务程序、数据库几个部分，应该合理地组织各项工作的人员配比。

## 12.9.3　人员风险

在组建开发组时，还应充分估计到开发过程中的人员风险。由于工作环境、待遇、工作强度、公司的整体工作安排和其他无法预知的因素，一个项目尤其是开发周期较长的项目几乎不可避免地要面临人员的流入流出。如果不在项目初期对可能出现的人员风险进行充分的估计，作必要的人员储备，一旦风险转化为现实，将有可能给整个项目开发造成巨大的损失。及早预防是降低这种人员风险的基本策略。具体来说可以从以下几个方面对人员风险进行控制：

(1) 保证开发组中全职人员的比例，且项目核心部分的工作应该尽量由全职人员来担任，以减少兼职人员对项目组人员不稳定性的影响。

(2) 建立良好的文档管理机制，包括项目组进度文档、个人进度文档、版本控制文档、整体技术文档、个人技术文档、源代码管理等。一旦出现人员的变动，比如某个组员因病退出，替补的组员能够根据完整的文档尽早接手工作。

(3) 加强项目组内的技术交流，比如定期开技术交流会；根据组内分工建立项目组内部的开发小组，使开发小组内的成员能够相互熟悉对方的工作和进度，能够在必要的时候替对方工作。

(4) 备用一个项目经理。可以从一开始就指派一个副经理在项目中协同项目经理管理项目开发工作。这样做是万一项目经理退出开发组，副经理可以很快接手。

(5) 为项目开发提供尽可能好的开发环境，包括工作环境、待遇、工作进度安排等。一个优秀的项目经理应该能够在项目组内营造一种良好的人际关系和工作氛围。良好的开发环境对于稳定项目组人员以及提高生产效率都有不可忽视的作用。

## 12.10 项目风险管理

在一个项目周期内，或多或少都会出现一些可以影响项目进度的意外或问题。常见的风险包括：

(1) 用户需求定义不准确或未能如期完成；

(2) 用户的需求不断变化；

(3) 机器未准时到位；

(4) 项目所需器材及配置不足够；

(5) 网络连通出现问题；

(6) 项目人力资源估计不足；

(7) 领导与项目人员沟通不足；

(8) 产品质量偏低；

(9) 项目工作场地安排出现问题；

(10) 参与异地培训人员出入境出现问题。

如果能掌握整个项目过程中可能出现的风险，并计划应变的措施，那即使不能避免风险的发生，亦能减低风险一旦发生时对项目所造成的影响。项目经理可以利用一些行业标准或按经验指定的风险评估表就可预见到一些风险，并分析其影响及解决方案。

## 12.11 项目采购管理

项目采购管理过程包括：采购计划编制，询价，供方选择，合同管理和合同收尾。

### 12.11.1 合同类型

不同的合同类型往往有不同的采购计划，合同的类型有以下三类：

(1) 固定价格或总价合同：包括固定价格合同和固定价格＋奖金两种方式。

(2) 成本核销合同，包括如下三种方式：

① 成本＋成本的百分比，例如，采取了技术革新措施，所以节约了成本。节约部分合同双方可以 5：5 分成。

② 成本＋固定利润，例如，投资方对外包工包料。

③ 成本＋奖金，例如，成本 100 万元，任务提前完成，使用了 90 万元，剩下的 10 万元作为奖金，30%奖励给项目承建方。

(3) 时间/材料单价合同。

### 12.11.2　项目采购计划

项目采购计划包括采购方式和采购过程。

**1. 采购方式**

采购方式包括公开竞争招标、有限竞争性招标(邀请招标)、询价采购和直接采购。

**2. 询价过程**

询价过程包括是否充分理解需求、检验技术方案是否合理、技术能力是否能够达到和有无同类经验可以借鉴。

### 12.11.3　合同管理

合同管理要求把适当的项目管理过程应用到各个层次、各个供应商、各个采购产品的合同关系中，相关内容包括：项目计划执行、项目状况评估、质量控制、变更控制、对供应商的付款和发票事宜。

合同的内容包括以下几个方面：双方责任、双方权利、相关法律、技术和管理方法、财务预算、价格、计价方法、项目完成时间和进度、付款方式、变更处理方法、保险事宜、保修、维护事宜、中止合同、延迟处理、奖金条款和分包合同。

### 12.11.4　合同收尾

合同收尾工作主要有：合同最终验收、合同审计和信息归档。这些信息包括合同以及相关文件、财务记录、付款记录文件和发票等。

## 12.12　项目干系人管理

项目干系人管理用于开展下列工作的各个过程：识别能影响项目或受项目影响的全部人员、群体和组织，分析干系人对项目的期望和影响，制定合适的管理策略来有效调动干系人参与项目决策和执行。干系人管理还关注与干系人保持持续沟通，以便了解干系人的需要和期望，管理利益冲突，解决实际发生的问题。应该把干系人满意度作为一个关键的项目目标进行管理。干系人管理包含的项目管理过程有：

(1) 识别干系人。识别能影响项目或受项目影响的全部人员、群体和组织，以及识别项目决策、活动或结果影响的人、群体或组织，并分析记录他们的相关信息和工作过程。

(2) 规划干系人的管理。基于对干系人需要、利益及对项目成功的潜在影响的分析，制定合适的管理策略，以有效调动干系人参与整个项目生命周期的过程。

(3) 管理干系人参与。在整个项目周期中，与干系人进行沟通和协作，以满足其需要与期望，解决实际出现的问题，并促进干系人合理参与项目活动的过程。

(4) 控制干系人参与。全面监督项目干系人之间的关系，调整策略和计划，以调动干系人参与的热情。

每个项目都有干系人，他们受项目的积极或消极影响，或者能对项目施加积极或消极的影响。有些项目关系人对项目的影响有限，有些可能对项目及其结果有重大影响。项目经理正确识别并合理管理干系人的能力，是决定项目成败的关键。

## 12.13　项目案例分析

本案例讲述了项目总结的重要性。

A 公司是一家国内中型 IT 系统集成公司，有多年的行业系统集成经验。通过多年的经验积累和管理探索，建立了一些项目管理流程和项目管理信息系统。

在一次大型项目的招投标活动中，公司副总任命 James 为本次投标项目的负责人，来组织和管理整个投标过程。

James 接到项目任务后，得知必须在 15 天内完成，随后立即召集了商务部、售前技术部、销售部、客服部和质量部等相关部门，进行了一次项目内部启动说明会，并对各自的分工和进度计划进行了部署。

然而，在投标前三天进行投标文件评审时，发现技术方案中所配置的设备在以前项目使用中是有问题的，必须更换。James 和方案编制人员经过加班加点，终于修改完成。到了正式评标会上，James 又遇到了一点儿麻烦，原来标书中"授权代表声明"和"投标方案"中写的不一致，影响了评标分数。不过项目最终中标了，并和用户签订了合同。根据公司流程，James 把项目移交给了售后实施部门，由他们具体负责项目的执行和验收。

实施部门接手项目后，Bob 被任命为实施项目经理，负责项目的实施和验收工作。Bob 发现由于项目前期自己没有尽早介入，许多项目前期的事情都不很清楚，而导致后续跟进速度较慢，影响项目的进度。同时，Bob 还发现设计方案时，售前工程师没有很好地了解用户需求，也没有书面的需求分析调研报告。在接手项目后，必须重新开始了解用户需求，编制实施方案，这样无形中增加了项目的实施难度和实施成本。

等到这一切理出了头绪，在商务下单订货过程中，又发现由于商务人员的工作失误，导致少采购了几台设备，并且设备模块配置功能出现了错误而不符合要求。

而在 A 公司中，由于售后和售前是两个独立的部门，在项目执行中，特别是项目执行完毕后，没有一套明确而完善的项目总结和闭环的问题分析与关闭流程，导致许多项目中重复出现相同或类似的错误或失误(包括技术方面和商务方面)，进而导致投标失败、项目成本较高、项目执行中困难重重、用户满意度较低等诸多风险。

以上说明项目管理过程出了问题。

　　基于以上诸多原因，A 公司管理领导层要求系统集成部门负责人 Paul 就此问题提出合理的改进办法，同时编制一份各个项目可以参考的项目总结模板。希望将项目完成后各部门不同阶段的总结反馈给相关部门和人员，形成一个闭环的流程，以便避免和减少类似问题的重复发生。那么 Paul 该如何通过有效的项目总结和流程来解决这些问题呢？

　　说起项目总结，大家都认为它很重要。然而，在实际工作中，人们很少把它与进度、成本等同等对待，总认为它是一项可有可无的工作。因而，在项目实施过程中，项目干系人就很少会注意经验教训的积累，即使在项目运作中碰得头破血流，也只是抱怨运气、环境或者团队配合不好，很少系统地分析总结，或者不知道怎样总结，以至于同样的问题不断出现。

　　在上面的案例中，A 公司在项目中重复出现相同的错误或失误，从而导致项目进度延误、项目执行成本较高甚至客户满意度下降等问题，这也是系统集成公司或软件公司在项目中经常会出现的问题。

　　经过调查和分析公司的多个项目后，A 公司的部门负责人 Paul 认识到了做好项目总结工作是其中的关键之处。并且，在与项目经理和项目成员沟通后，Paul 发现要做好项目总结工作，首先就应该在项目启动时就对其加以明确规定，比如项目评价的标准、总结的方式以及参加人员(如项目办公室、商务部、售前部、市场部、储运部等)等。

　　当然，除此以外，如果可能，项目总结大会上还应吸收用户及其它相关项目干系人参加，以保证项目总结的全面性和充分性。

　　事实上，项目总结工作应作为现有项目或将来项目持续改进工作的一项重要内容，同时也可以作为对项目合同、设计方案内容与目标的确认和验证。正如上面所说的，项目总结的目的和意义在于总结经验教训，防止犯同样的错误，评估项目团队，为绩效考核积累数据，以及考察是否达到阶段性目标等。总结项目经验和教训，也会对其他项目和公司的项目管理体系建设和项目文化建设起到不可或缺的作用。完善的项目汇报和总结体系对项目的延续性是很重要的，例如项目完成后项目的售后维护、设备保修等。特别是项目收尾时的项目总结，项目管理机构应在项目结束前对项目进行正式评审，其重点是确保能够为其它项目提供可利用的经验，另外还有可能引申出用户新的需求，从而进一步拓展市场。

# 本 章 小 结

　　从概念上讲，软件项目管理是为了使软件项目能够按照预定的成本、进度、质量顺利完成，从而对成本、人员、进度、质量、风险等进行分析和管理的活动。实际上，软件项目管理的意义不仅仅如此，进行软件项目管理有利于将开发人员的个人开发能力转化成企业的开发能力，企业的软件开发能力越高，表明这个企业的软件生产越趋向于成熟，企业越能够稳定发展(即减小开发风险)。软件开发不同于其他产品的制造，软件的整个过程都是设计过程(没有制造过程)。

　　另外，软件开发不需要使用大量的物质资源，而主要是人力资源；并且，软件开发的产品只是程序代码和技术文件，并没有其他的物质结果。基于上述特点，软件项目管理与其他项目管理相比，有很大的特殊性。

# 习　题

## 一、简答题

1. 举出一些是项目和一些不是项目的例子。

2. 常用的项目管理技术有哪些？

3. 项目的三要素是哪三个？

4. 常见的项目风险有哪些？如何规避项目风险？

## 二、单项选择题

1. 项目是为完成一个(　　)的产品或服务而进行的一种一次性服务。

A. 单独　　　　　B. 唯一　　　　　C. 无数　　　　　D. 复杂

2. 人力资源管理是在项目开展过程中为确保(　　)地利用各种人力资源而进行的管理工作。

A. 有效　　　　　B. 无效　　　　　C. 顺利　　　　　D. 简单

3. 整体管理是确保各项目工作能够相互协调配合所需要的(　　)管理工作，它由项目计划制定、项目计划实施和综合变更控制构成。

A. 混合性　　　　B. 独特性　　　　C. 整体性　　　　D. 综合性

4. 时间管理是保证整个项目能够(　　)完成所开展的管理工作。

A. 及时　　　　　B. 顺利　　　　　C. 按时　　　　　D. 有效

5. 成本管理是在项目开展过程中确保在批准预算内完成项目所需的各个工作内容所进行的(　　)管理。

A. 预算　　　　　B. 成本　　　　　C. 费用　　　　　D. 合格

6. 采购管理是执行机构从项目组织外部获得(　　)和服务所需的管理工作。

A. 物质　　　　　B. 物资　　　　　C. 物品　　　　　D. 食品

7. 沟通管理是在项目开展过程中为确保有效地生成、收集、储存、(　　)和使用项目有关的信息，而进行的信息传播与交流工作。

A. 整理　　　　　B. 实施　　　　　C. 处理　　　　　D. 了解

8. 风险的三要素是事件、(　　)、影响。

A. 效率　　　　　B. 概率　　　　　C. 危害　　　　　D. 情况

9. 项目时间控制的方法之一是(　　)。

A. 绩效衡量　　　　　　　　　　　B. 偏差分析和管理

C. 项目管理软件　　　　　　　　　D. 趋势分析和预测

10. 里程碑事件是项目中的重大事件,通常是指项目开展过程中一个主要(　　)的完成,它是项目进程中的一些重要标记,是在计划阶段应该重点考虑的关键点；里程碑既不占用时间也不消耗资源。里程碑事件的实际意义在于它们是项目计划和控制的重点。

A. 可交付成果　　B. 结果　　　　　C. 标记　　　　　D. 计划

11. 审查项目进度时，项目经理发现关键路径上的一项活动超出了估算时间。项目经理将该问题记录在问题日志中。为了恢复项目进度，项目经理下一步应该(　　)。

A．调整时间提前量和滞后量　　　　B．更改进度基准

C．快速跟进活动　　　　　　　　　　D．赶工

12．公司项目经理正负责某重要项目的执行。第二天该项目经理接到公司主管的电话，需要他去验收另外一个项目，而负责那个项目的原项目经理已辞职并离开公司。作为该项目经理，他应该(　　)。

A．按照主管的要求直接与客户取得联系，去验收该项目

B．仔细研读新分配项目的所有项目文档，准备进行项目验收

C．与新分配项目的团队成员取得联系，了解项目情况，准备验收

D．因为目前负责的项目很重要，应与公司主管沟通拒绝接受另外的项目

### 三、填空题

1．项目管理的核心部分包括(　　)、成本管理、(　　)。

2．项目综合管理包括：整体管理、(　　)、(　　)。这是将项目视为一个完整的系统去思考和分析的，主要解决一些全局性的问题。

3．项目保障管理包括(　　)、(　　)和沟通管理。

4．项目管理的5个阶段过程组包括项目启动、(　　)、(　　)、(　　)和(　　)。

5．项目管理的四个层次为(　　)、(　　)、(　　)、专业化的事情模块化。

6．(　　)是对完成项目活动所需资源成本的大概估计。

7．项目属性的基本特征有：(　　)、(　　)、(　　)、(　　)、(　　)、(　　)。

8．项目的当事人是指(项目)的参与各方，包括(　　)。

9．工作单元包含以下五个方面的要素：(　　)、(　　)、(　　)、(　　)、(　　)。

10．项目管理就是将(　　)、(　　)、工具和(　　)应用于项目各项工作中，以满足或超过(　　)相关者对项目的要求和期望。

11．风险应对的策略有四种：(　　)、转移、(　　)、接受。

12．质量成本包括预防成本、(　　)、内部失败成本、(　　)。

13．项目范围管理包括以下五个方面：范围规划、(　　)、(　　)、范围核实、范围控制。

### 四、判断题

1．实际成本是指已完成工作所花费的虚成本。(　　)

2．项目章程是由项目发起人或委托人下达的正式批准项目存在、授权项目经理在项目活动中动用资源的文件。(　　)

3．项目范围框架说明书就是要明确项目总体工作范围、主要应交付的成果、项目概算以及进度里程碑。(　　)

4．项目收尾过程就是正式结束一个项目或阶段的所有活动，将完成的产品移交他人，或者中止一个被取消的项目所进行的系列过程。(　　)

5．项目预算是指把概算费用分配到项目的每一个工作包或者相关的项目元素上去，从而使之可被衡量和管理。(　　)

6．项目变更请求就是指因扩大或缩小项目范围、调整进度、更改费用或预算，以及修改策略、过程、计划或程序等而发生的请求变更控制，包括识别、记载、批准或拒绝以及控制等环节。(　　)

# 附录 1 期末复习题

## 一、选择题

1. 准确解决"软件系统必须做什么"是( )阶段的任务。

A) 可行性研究 B) 详细设计 C) 需求分析 D) 编码

2. 在软件的可行性研究中，可以从不同的角度对软件进行研究，其中从软件的功能可行性角度考虑的是( )。

A) 经济可行性 B) 技术可行性 C) 社会可行性 D) 法律可行性

3. 结构化程序设计采用的三种基本结构是( )。

A) 选择、循环、重复 B) 顺序、选择、重复

C) 顺序、循环、选择 D) 输入、输出、变换

4. 在软件需求分析中，开发人员要从用户那里解决的最重要的问题是( )。

A) 要让软件做什么 B) 要给软件提供哪些信息

C) 要求软件工作效率怎样 D) 要让软件具有何种结构

5. 需求分析最终结果是产生( )。

A) 项目开发计划 B) 需求规格说明书

C) 设计说明书 D) 可行性分析报告

6. 结构化分析(SA)方法的基本思想是( )。

A) 自底向上逐步抽象 B) 自底向上逐步分解

C) 自顶向下逐步分解 D) 自顶向下逐步抽象

7. 下面说法正确的是( )。

A) 软件就是程序 B) 软件开发不受计算机系统的限制

C) 软件是逻辑实体又是物理实体 D) 软件是程序+数据+文档的集合

8. 软件设计阶段一般又可分为( )。

A) 逻辑设计与功能设计 B) 概要设计与详细设计

C) 概念设计与物理设计 D) 模型设计与程序设计

9. 可行性分析的主要目的是( )。

A) 定义项目 B) 项目是否值得开发

C) 开发项目 D) 规划项目

10. 程序控制的三种基本结构中，( )结构可提供多条路径选择。

A) 反序 B) 顺序 C) 循环 D) 分支

11. 在数据流图中，圆圈符号表示的是( )。

A) 数据源点 B) 数据处理 C) 数据存储 D) 数据流

12. 在软件设计中，不属于过程设计工具的是( )。

A) PDL 图 B) PAD 图 C) N-S 图 D) DFD 图

13. 程序设计语言分为低级语言和高级语言，与高级语言相比，用低级语言开发的程

序具有(　　)的特点。

 A) 运行效率低，开发效率低    B) 运行效率低，开发效率高

 C) 运行效率高，开发效率低    D) 运行效率高，开发效率高

14．两个或两个以上模块之间的紧密程度称为(　　)。

 A) 耦合度    B) 内聚度    C) 复杂度    D) 数据传输

15．下面描述正确的是(　　)。

 A) 软件交付使用后还需要进行维护

 B) 软件交付使用后不需要维护

 C) 软件交付使用后它的生命周期就结束了

 D) 软件维护是修复程序中的坏指令

16．程序设计算法的特点是(　　)。

 A) 有穷性    B) 确定性    C) 有效性    D) 以上三个都是

17．软件测试的目的是(　　)。

 A) 证明软件的正确性    B) 找出软件系统中存在的所有错误

 C) 证明软件系统中存在错误    D) 尽可能多的发现软件系统中的错误

18．下面各阶段中(　　)不属于软件开发时期。

 A) 测试阶段    B) 维护阶段    C) 编码阶段    D) 需求阶段

19．在软件测试中，可以作为软件测试对象的是(　　)。

 A) 需求规格说明书    B) 设计规格说明书

 C) 源程序    D) 以上都是

20．黑盒测试方法是根据程序的(　　)来设计测试用例的。

 A) 应用范围    B) 内部逻辑    C) 功能    D) 输入数据

21．在软件开发过程中，软件结构设计是描述(　　)。

 A) 数据存储结构    B) 软件模块体系

 C) 软件结构测试    D) 软件控制过程

22．提高软件的可维护性可采取很多措施，下列(　　)不在措施之列。

 A) 提供没有错误的程序    B) 建立质量保证制度

 C) 改进程序文档质量    D) 明确软件质量标准

23．软件测试基本方法中，下列方法中的(　　)不用测试实例。

 A) 白盒测试法    B) 动态测试法    C) 黑盒测试法    D) 静态测试法

24．软件管理中，需要对软件进行配置，各阶段文档的管理属于(　　)。

 A) 组织管理    B) 资源管理    C) 计划管理    D) 版本管理

25．软件工程方法的提出起源于软件危机,而其目的应该是最终解决软件的(　　)问题。

 A) 产生危机    B) 质量保证    C) 开发效率    D) 生产工程化

26．软件开发结构的生命周期法的基本假定是认为软件需求能做到(　　)。

 A) 严格定义    B) 初步定义    C) 早期冻结    D) 动态改变

27．软件工程的结构化分析方法强调的是分析开发对象的(　　)。

 A) 数据流    B) 控制流    C) 时间限制    D) 进程通信

28．瀑布模型将软件生命周期归纳为三个时期，即计划期、开发期和运行期。下列(　　)

不属于开发期内的工作。

A) 总体设计　　　　　　B) 详细设计　　　C) 程序设计　　　　　　D) 维护

29. 软件定义期问题定义阶段涉及的人员有(　　)。

A) 用户、使用部门负责人

B) 软件开发人员、用户、使用部门负责人

C) 系统分析员、软件开发人员

D) 系统分析员、软件开发人员、用户、使用部门负责人

30. 软件详细设计主要采用的方法是(　　)。

A) 结构化程序设计　　　　　　　　　B) 模型设计

C) 结构化设计　　　　　　　　　　　D) 流程图设计

## 二、填空题

1. 软件设计阶段是把(　　)转化为(　　)的过程。

2. (　　)和(　　)是结构化设计方法解决复杂问题的基本手段。

3. 模块之间的连接越紧密,联系越多,耦合性就越(　　),而其模块独立性就越(　　)。

4. 项目管理(PMBOK)的十个知识领域分别是(　　)、(　　)、(　　)、(　　)、(　　)、(　　)、(　　)、(　　)、(　　)、(　　)。

5. 软件模块独立性的两个定性度量标准是(　　)。

6. 软件开发是一个自顶向下逐步细化和求精的过程,而软件测试是一个(　　)的过程。

7. (　　)是一种黑盒测试技术,这种技术把程序的输入域划分为若干个数据类,据此导出测试用例。

8. (　　)和数据字典共同构成了系统的逻辑模型。

9. 可行性研究主要集中在以下三个方面:经济可行性、(　　)、法律可行性。

10. IPO 图是输入、处理和(　　)的简称,它是美国 IBM 公司发展完善起来的一种图形工具。

11. 软件生命周期一般可分为问题定义、(　　)、需求分析、设计编码、测试、运行与维护等阶段。

12. 可行性研究主要集中在以下三个方面:经济可行性、(　　)、法律可行性。

13. 一般来说,可以从一致性、完整性、现实性和(　　)四个方面验证软件需求的正确性。

14. 复杂问题的对象模型通常由下述五个层次组成:主题层、类与对象层、结构层、属性层和(　　)。

15. 软件可维护性度量的七个质量特性是可理解性、可测试性、可修改性、可靠性、(　　)、可使用性和效率。

16. 软件一般由程序、数据和(　　)组成。

17. 面向对象模型主要由对象模型、动态模型、(　　)组成。

18. 软件需求分析过程应该建立在数据模型、功能模型和(　　)三种模型之上。

19. 需求分析的最终结果是(　　)。

20. 常见的测试方法一般分为:白盒测试和(　　)。

21. 软件工程三要素包括方法、(　　)和过程,其中,过程是支持软件开发的各个环节

的控制和管理。

22. 类构件的重用方式有实例重用、继承重用和(　　)三种。

23. 耦合和(　　)是衡量模块独立性的两个定性的标准。

## 三、根据下面代码画出程序流程图

1. 代码如下：

```
public void   prun()
{
        Int pass = 100;
        for ( int i=0; i<5; i++   )
        {
                Sysytem.out.println("hello");
        }
        Pass = pass+200;
        System.println("就到这里吧.");
}
```

2. 代码如下：

```
public   void ppp()
{
        Inthh=123;
        If   (hh> 100)   { System.println("hello");}
        Else
        {    System.println("welcome");
        }
        Hh = hh*230 ;
                System.println(hh);
}
```

## 四、简答题

1. 模块的独立性具有哪些属性？请简要说明。

2. 软件测试与软件调试的区别是什么？

3. 软件危机的典型表现是什么？为什么会产生软件危机？

4. 举例说明类和对象的关系。

5. 面向对象分析的关键步骤有哪些？应建立哪几个模型？

## 五、综合题

根据下面业务说明画出其数据流图 DFD。

学生食堂用卡买饭的过程如下：

(1) 学生点菜；

(2) 刷卡(读数据库)；

(3) 扣费(写数据库)。

# 附录 2　期末复习题参考答案

### 一、选择题

1. C)　　2. B)　　3. C)　　4. A)　　5. B)　　6. C)　　7. D)　　8. B)　　9. B)
10. D)　11. B)　12. D)　13. C)　14. A)　15. A)　16. D)　17. D)　18. B)
19. D)　20. C)　21. B)　22. A)　23. D)　24. D)　25. D)　26. C)　27. A)
28. D)　29. D)　30. A)

### 二、填空题

1. 软件设计阶段是把(软件需求)转化为(软件表示)的过程。

2. (抽象)和(分解)是结构化设计方法解决复杂问题的基本手段。

3. 模块之间的连接越紧密，联系越多，耦合性就越(高)，而其模块独立性就越(强)。

4. 项目管理(PMBOK)的十个知识领域分别是：(项目整合管理)、(项目时间管理)、(项目成本管理)、(项目范围管理)、(项目质量管理)、(项目沟通管理)、(项目人力资源管理)、(项目风险管理)、(项目采购管理)、(项目干系人管理)。

5. 软件模块独立性的两个定性度量标准是(耦合和内聚)。

6. 软件开发是一个自顶向下逐步细化和求精的过程，而软件测试是一个(由下而上)的过程。

7. (等价划分)是一种黑盒测试技术，这种技术把程序的输入域划分为若干个数据类，据此导出测试用例。

8. (数据流图)和数据字典共同构成了系统的逻辑模型。

9. 可行性研究主要集中在以下三个方面：经济可行性、(技术可行性)、法律可行性。

10. IPO 图是输入、处理和(输出)的简称，它是美国 IBM 公司发展完善起来的一种图形工具。

11. 软件生命周期一般可分为问题定义、(可行性研究)、需求分析、设计编码、测试、运行与维护等阶段。

12. 可行性研究主要集中在以下三个方面：经济可行性、(技术可行性)、法律可行性。

13. 一般来说，可以从一致性、完整性、现实性和(有效性)四个方面验证软件需求的正确性。

14. 复杂问题的对象模型通常由下述五个层次组成：主题层、类与对象层、结构层、属性层和(服务层)。

15. 软件可维护性度量的七个质量特性是可理解性、可测试性、可修改性、可靠性、(可移植性)、可使用性和效率。

16. 软件一般由程序、数据和(文档)组成。

17. 面向对象模型主要由对象模型、动态模型、(功能模型)组成。

18. 软件需求分析过程应该建立在数据模型、功能模型和(行为模型)三种模型之上。

19. 需求分析的最终结果是(需求规格说明书)。

20. 常见的测试方法一般分为白盒测试和(黑盒测试)。

21. 软件工程三要素包括方法、(工具)和过程，其中，过程是支持软件开发的各个环节的控制和管理。

22. 类构件的重用方式有实例重用、继承重用和(多态重用)三种。

23. 耦合和(内聚)是衡量模块独立性的两个定性的标准。

## 三、根据下面代码画出程序流程图

1. 流程图(见附图 1)

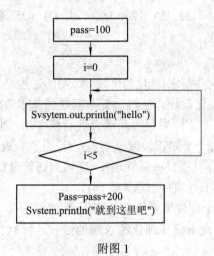

附图 1

2. 流程图(见附图 2)

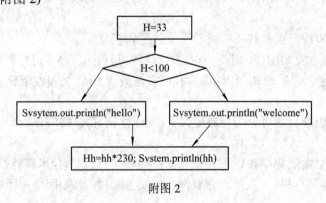

附图 2

## 四、简答题

1. 模块的独立性一般具有高内聚性和低耦合度。

内聚性高说明内部之间联系紧密，耦合性低说明模块之间互相依赖性低。

2. 软件调试和软件测试有着不同的目的和不同的含义。

软件测试一般是在软件调试之后进行的，测试的目的是检查软件是否符合软件需求。软件调试是为了正确运行软件而去发现错误、改正错误。

3. 软件危机是指计算机软件开发和维护过程中所遇到的一系列严重问题，其典型表现有：

(1) 对软件开发成本和进度的估计常常很不准确；

(2) 软件产品的质量往往靠不住；

(3) 用户对已完成的软件系统不满意的现象经常发生;

(4) 软件常常是不可维护的;

(5) 软件中没有适当的文档资料;

(6) 软件成本在计算机系统总成本中所占的比例逐年上升;

(7) 软件开发生产率提高的速度,往往跟不上计算机应用迅速普及深入的趋势。

产生软件危机的原因是:

(1) 与软件本身的特点有关。

软件本身独有的特点确实给开发和维护带来了困难。软件不同于硬件,它是计算机系统中的逻辑部件而不是物理部件;软件样品即是产品,试制过程也就是生产过程。

软件不会因使用时间过长而"老化"或"用坏";软件具有可运行的行为特性,在写出程序代码并在计算机上试运行之前,软件开发过程的进展情况较难衡量,软件质量也较难评价,因此管理和控制软件开发过程十分困难。

(2) 来自于软件开发人员的弱点。

其一,软件产品是人的思维结果,因此软件生产水平最终在相当程度上取决于软件人员的教育、训练和经验的积累。

其二,大型软件往往需要许多人合作开发,甚至要求软件开发人员深入应用领域的问题研究,这样就需要在用户与软件人员之间以及软件开发人员之间相互通信,在此过程中难免发生理解的差异,从而导致后续错误的设计或实现。

4. 举例说明类和对象的关系如下:

学生可作为一个类——学生类,每个学生就是这个学生类的一个实例,例如,学生张三就是学生类的一个实例。

5. 面向对象分析的关键步骤有:识别问题域的对象并分析它们相互之间的关系,建立简洁、精确、可理解的正确模型。应建立的模型有功能模型、对象模型、动态模型。

**五、综合题**

画 DFD 图见附图 3。

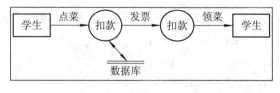

附图 3

# 附录3 软件工程模拟考试题

(满分 100 分)

**一、选择题**(下列各题 A)、B)、C)、D)四个选项中，只有一个选项是正确的，请选择出来填入题末括号中；每小题 1 分，共 50 分)

1. 以下哪种项目组织中项目经理可以对项目资源进行最严格的控制？（ ）
A) 强矩阵型　　　　B) 项目型　　　　C) 项目协调者　　　　D) 弱矩阵型

2. 软件测试的目的是（ ）。
A) 软件编写完成以后的后续工作　　　　B) 寻找软件缺陷而执行程序的过程
C) 使软件能更好地工作　　　　D) 保证程序能完全正确地被执行

3. 如下图所示实例，为了使每个语句都执行一次，程序执行的路径应该为（ ）。
A) ①②④⑥　　　　B) ①③④⑥　　　　C) ①②⑤⑥　　　　D) ①③⑤⑥

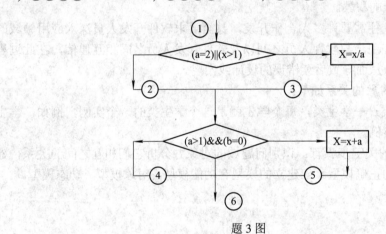

题 3 图

4. 如上图所示实例，以下测试用例哪一组不能满足判定覆盖？（ ）
A) (a=2，b=0，x=6)，(a=1，b=0，x=1)
B) (a=2，b=0，x=4)，(a=3，b=0，x=2)
C) (a=2，b=2，x=2)，(a=3，b=0，x=6)
D) (a=2，b=0，x=6)，(a=2，b=0，x=4)

5. 如题 3 中插图所示实例，以下测试用例哪一组能够满足判定条件覆盖？（ ）
A) (a=2，b=0，x=6)，(a=1，b=1，x=1)
B) (a=8，b=7，x=114)，( a=33，b=50，x=32)
C) (a=29，b=20，x=25)，(a=3，b=9，x=36)
D) (a=21，b=20，x=62)，(a=22，b=40，x=24)

6. 一经发现并改正了程序中隐藏的缺陷，然后再进行返测，查看此缺陷是否重现。这种测试方法被称为（ ）。
A) 增量测试　　　　B) 回归测试　　　　C) 大突击测试　　　　D) 动态测试

7. 为了提高测试的效率，应该( )。

A) 随机地选取测试数据

B) 取一切可能的输入数据作为测试数据

C) 在完成编码后制定软件的测试计划

D) 选择发现错误可能性大的数据作为测试数据

8. 与设计测试用例无关的文档是( )。

A) 需求说明书 　　B) 设计说明书 　　C) 源程序 　　D) 项目开发设计

9. 结构设计是一种应用最广泛的系统设计方法，是以( )为基础、自顶向下、逐步求精和模块化的过程。

A) 数据流 　　B) 数据流图 　　C) 数据库 　　D) 数据结构

10. 注释是提高程序可读性的有效手段，好的程序注释占到程序总量的( )。

A) 1/6 　　B) 1/5 　　C) 1/4 　　D) 1/3

11. 变换型和事务型是程序结构的标准形式。从某处获得数据，再对这些数据做处理，然后将结果送出是属于( )。

A) 变换型 　　B) 事务型 　　C) 螺旋型 　　D) 瀑布型

12. PAD(Problem Analysis Diagram)图是一种( )工具。

A) 系统描述 　　B) 详细设计 　　C) 测试 　　D) 编程辅助

13. 数据流图中，当数据流向或流自文件时，( )。

A) 数据流要命名，文件不必命名

B) 数据流不必命名，有文件名就足够了

C) 数据流和文件均要命名，因为流出和流进的数据流是不同的

D) 数据流和文件均不要命名，通过加工可自然反映出

14. 软件测试中设计测试用例主要由输入数据和( )两部分组成。

A) 测试规则 　　　　　　　　　　B) 测试计划

C) 预期输出结果 　　　　　　　　D) 以往测试记录分析

15. 结构化程序设计主要强调程序的( )。

A) 效率 　　B) 速度 　　C) 可读性 　　D) 大小

16. 数据流图的三种成分为 ① 、 ② 和 ③ ， ② 是数据流中 ① 的变换， ③ 用来存储信息， ④ 对 ① 、 ② 、 ③ 进行详细说明，用 ⑤ 对 ③ 进行详细描述。

①( ) ②( ) ③( ) ④( ) ⑤( )

A) 消息 　B) 文书 　C) 父母 　D) 数据流 　E) 加工流 　F) 文件

G) 数据字典 　H) 结构化语言 　I) 加工 　J) 测试

17. 文档是软件开发人员、软件管理人员、软件维护人员、用户以及计算机之间的 ① ，软件开发人员在各个阶段以文档作为前段工作的成果、 ② 和后段工作的 ③ 。

①( ) ②( ) ③( )

A) 接口 　B) 桥梁 　C) 科学 　D) 继续 　E) 体现 　F) 基础

18. 单独测试一个模块时，有时需要一个 ① 程序 ① 被测试的模块。有时还要有一个或几个 ② 模块模拟由被测试模块调用的模块。

①( ) ②( )

① A) 理解　　B) 驱动　　C) 管理　　D) 传递

② A) 子　　　B) 仿真　　C) 栈　　　D) 桩

19. 在结构化程序设计思想提出以前，在程序设计中曾强调程序的 ① 。现在，与程序的 ① 相比，人们更重视程序的 ② 。

①(　　)　②(　　)

A) 安全性　B) 专用性　C) 一致性　D) 合理性　E) 可理解性　F) 效率

20. 软件测试中，白盒方法是通过分析程序的 ① 来设计测试用例的方法，除了测试程序外，还适用于对 ② 阶段的软件文档进行测试。黑盒方法是根据程序的 ③ 来设计测试用例的方法，除了测试程序外，它也适用于对 ④ 阶段的软件文档进行测试。

①(　　)　②(　　)　③(　　)　④(　　)

①③ A) 应用范围　　B) 内部逻辑　　　C) 功能　　　　　D) 输入数据

②④ A) 编码　　　　B) 软件详细设计　C) 软件概要设计　D) 需求分析

21. (1) 在软件生命周期中，_①_ 阶段所需工作量最大，约占 70%。

(2) 结构化分析方法产生的系统说明书由一套 _②_ 、一本数据字典和一组小说明及补充材料组成。

(3) 软件的 _③_ 一般由两次故障平均间隔时间和故障平均恢复时间来决定。

(4) 采用 _④_ 且编写程序，可提高程序的可移植性。

(5) 仅依据规格说明书描述的程序功能来设计测试实例的方法称为 _⑤_ 。

①(　　)　②(　　)　③(　　)　⑤(　　)

① A) 需求分析　　B) 软件设计　　　C) 编码　　　D) 软件测试　　E) 维护

② A) 因果图　　　B) 分层数据流图　C) PAD 图　　D) 程序流程图

③ A) 可维护性　　B) 可靠性　　　　C) 效率　　　D) 互理解性

④ A) 机器语言　　B) 宏指令　　　　C) 汇编语言　D) 高级语言

⑤ A) 白盒方法　　B) 静态分析法　　C) 黑盒方法　D) 人工分析法

22. _①_ 是以发现错误为目的的，而 _②_ 是以定位、分析和改正错误为目的的。

①(　　)　②(　　)

A) 测试　　　　　　B) 排序　　　　　　C) 维护　　　　　D) 开发

23. 软件发展过程中，第一阶段(50 年代)称为"程序设计的原始时期"，这时既没有 ① 也没有 ② ，程序员只能用汇编语言编写程序。第二阶段(50 年代末至 60 年代末)称为"基本软件期"，出现了 ① 并逐渐普及，随之 ② 编译技术也有较大发展。第三阶段(60 年代末至 70 年代中)称为"程序设计方法的时代"。此时期，与硬件费用下降相反，软件开发费急剧上升。人们提出了 ③ 和 ④ 等程序设计方法，设法降低软件开发的费用。第四阶段(70 年代中期至今)称为"软件工程时期"，软件开发技术不再仅仅是程序设计技术，而是同软件开发的各阶段( ⑤ 、 ⑥ 、编码、测试、 ⑦ )及整体和管理有关。

①(　　)　②(　　)　③(　　)　④(　　)　⑤(　　)　⑥(　　)　⑦(　　)

①②③④A) 汇编语言　B) 操作系统　　C) 虚拟存储器概念　D) 高级语言

　　　　　E) 结构化程序设计　F) 数据库概念　　G) 固件　　H) 模块化程序设计

⑤⑥⑦A) 使用和维护　B) 兼容性的确认　　　C) 完整性的确定　　D) 设计

　　　E) 需求定义　　F) 图像处理

24. 软件危机出现于 ① ，为了解决软件危机，人们提出了用 ② 的原理来设计软件，这就是软件工程诞生的基础。

①(　　) ②(　　)

①A) 50 年代末　　B) 60 年代初　　C) 60 年代末　　D) 70 年代初

②A) 运筹学　　　　B) 工程学　　　　C) 软件学　　　D) 数字

25. 结构化分析方法(SA)、结构化设计方法(SD)和 Jackson 方法是软件开发过程中常用的方法。人们使用 SA 方法时可以得到 ① ，该方法采用的基本手段是 ② ；使用 SD 方法可以得到 ③ ，并可以实现 ④ ；而使用 Jackson 方法可以实现 ⑤ 。

①(　　) ②(　　) ③(　　) ④(　　) ⑤(　　)

A) 程序流程图　　　B) 具体的语言程序　C) 模块结构图和模块的功能说明书

D) 分层数据流图和数据字典　　　　E) 分解与抽象　　F) 分解与综合

G) 归纳与推导　　H) 试探与回溯　　I) 从数据结构导出程序结构

J) 从数据流图导出初始结构图　　　　K) 从模块结构导出数据结构

L) 从模块结构导出程序结构

26. 1960 年 Dijkstra 提倡的 ① 是一种有效的提高程序设计效率的方法，把程序的基本控制结构限于顺序、 ② 和 ③ 三种，同时避免使用 ④ ，这样使程序结构易于理解， ① 不仅提高程序设计的生产率，同时也容易进行程序的 ⑤ 。

①(　　) ②(　　) ③(　　) ④(　　) ⑤(　　)

①A) 标准化程序设计 B) 模块化程序设计　C) 多道程序设计　D) 结构化程序设计

②③A) 分支　　　　B) 选择　　　　C) 重复　　　D) 计算　　E) 输入输出

④A) GOTO 语句　　B) DO 语句　　C) IF 语句　　D) REPEAT 语句

⑤A) 设计　　　　B) 调试　　　　C) 维护　　　D) 编码

27. 模块间联系和模块内联系是评价程序结构质量的重要标准。联系的方式、共用信息的作用、共用信息的数量和界面的 ① 等因素决定了联系的大小；在模块内联系中， ② 最强。结构设计方法的总则是使每个模块执行 ③ 功能，模块间传递 ④ 参数，模块通过 ⑤ 语句调用其他模块，而且模块间传递的参数应尽量 ⑥ 。

①(　　) ②(　　) ③(　　) ④(　　) ⑤(　　) ⑥(　　)

①A) 友好性　　　B) 坚固性　　　C) 清晰性　　　D) 安全性

②A) 偶然性　　　B) 功能性　　　C) 通信性　　　D) 顺序性

③A) 一个　　　　B) 多个　　　　C) 尽量多　　　D) 尽量少

④A) 数据性　　　B) 控制性　　　C) 混合性

⑤A) 直接调用　　B) Call 语句　　C) 中断　　　D) 宏调用

⑥A) 少　　　　　B) 多

28. 结构化设计方法中提出了判定作用范围和模块的控制范围两个概念，二者的正确关系应该是： ① 是 ② 的子集。

①(　　) ②(　　)

A) 作用范围　　B) 控制范围

29. 软件设计阶段可划分为 ① 设计阶段和 ② 设计阶段，用结构化设计方法的最终目的是使 ③ ，用于表示模块间调用关系的图叫 ④ 。

①( )　②( )　③( )　④( )

①②A) 逻辑　B) 程序　C) 特殊　D) 详细　E) 物理　F) 概要

③　A) 块间联系大，块内联系大　　B) 块间联系大，块内联系小

　　C) 块间联系小，块内联系大　　D) 块间联系小，块内联系小

④　A) PAD　B) HCP　C) SC　D) SADT　E) HIPO　F) NS

30. 需求阶段的文档主要有 ① 、 ② 、 ③ 等。

①( )　②( )　③( )

A) 结构图　B) 用户手册　C) 数据字典　D) 数据流图

E) 数据结构图　F) 一组小说明

31. 软件工程学的目的是以 ① 的成本，研制 ② 质量的软件。

①( )　②( )

A) 较高　B) 较低　C) 可靠　D) 优秀

32. 概要设计的任务是决定系统中各个模块的 ① ，即其 ② 。

①( )　②( )

A) 外部特性　B) 内部特性　C) 算法和使用数据　D) 功能和输入输出数据

33. 详细设计的任务是决定每个模块的 ① ，即模块 ② 。

①( )　②( )

A) 外部特性　B) 内部特性　C) 算法和使用数据　D) 功能和输入输出数据

34. 模块具有 ① 、 ② 、 ③ 、 ④ 四个特性，其中 ① 、 ② 是外部特性， ③ 、 ④ 是内部特性。

①( )　②( )　③( )　④( )

A) 功能　B) 接口　C) 代码　D) 数据　E) 框图　F) 文档

35. 程序的三种基本控制结构是 ① ，它们的共同点是 ② 。结构程序设计的一种基本方法是 ③ 。软件测试的目的是 ④ 。软件排错的目的是 ⑤ 。

①( )　②( )　③( )　④( )　⑤( )

①A) 过程、子程序和分程序　　B) 顺序、条件和循环

　C) 递归、堆栈和队列　　　　D) 调用、返回和转移

②A) 不能嵌套使用　　　　　　B) 只能用来写简单的程序

　C) 已经用硬件实现　　　　　D) 只有一个入口和一个出口

③A) 筛选法　B) 递归法　　　C) 归纳法　D) 逐步求精法

④A) 证明程序中没有错误　　　B) 发现程序中的语法错误

　C) 测量程序的动态特性　　　D) 检查程序中的语法错误

⑤A) 找出错误所在并改正之　　B) 排除存在错误的可能性

　C) 对错误性质进行分类　　　D) 统计出错的次数

36. 在下列关于模块化设计的叙述中， ① 、 ② 、 ③ 、 ④ 、 ⑤ 是正确的。

①( )　②( )　③( )　④( )　⑤( )

A) 程序设计比较方便，但比较难以维护

B) 便于由多个人分工编制大型程序

C) 软件的功能便于扩充

D) 程序易理解，也便于排错

E) 在主存储器能容纳的前提下，使模块尽可能大，以便减小模块的个数

F) 模块之间的接口叫做数据文件

G) 只要模块之间的接口关系不变，由模块内部实现细节

H) 模块间的单向调用关系叫做模块的层次结构

I) 模块越小，模块化的优点越明显，一般来讲，模块的大小都在 10 行以下

J) 一个模块实际上就是一个进程

37. 下列叙述中，正确的是 ① 、 ② 、 ③ 、 ④ 、 ⑤ 。

①(    ) ②(    ) ③(    ) ④(    ) ⑤(    )

A) 在进行需求分析时需同时考虑维护问题

B) 完成测试作业后，为了缩短源程序的长度应删去源程序的注解

C) 尽可能在软件生产过程中保证各阶段文档的正确性

D) 编码时应尽可能使用全局变量

E) 选择时间效率和空间效率尽可能高的算法

F) 尽可能使用硬件的特点

G) 重视程序结构的设计，使程序具有较好的层次结构

H) 使用维护工具或支撑环境

I) 在进行概要设计时应加强模块间的联系

J) 为了提高程序的易读性，尽可能使用高级语言编写程序

K) 为了加快软件维护的进度，尽可能增加维护人员的数量

38. 选择符合以下定义的概念名称：

① 软件从一个计算机系统或环境转换到另一个计算机系统或环境里容易运行的程度。

② 软件发现故障并隔离、定位其故障的能力特性。

③ 软件使不同的系统约束条件和用户需求得到满足的容易程度。

④ 软件产品在规定的条件下和规定的时间内完成规定功能的能力。

⑤ 尽管有非法输入，软件仍能继续正常工作的能力。

①(    ) ②(    ) ③(    ) ④(    ) ⑤(    )

A) 可测试性   B) 可理解性   C) 可靠性   D) 可移植性   E) 可适用性

F) 兼容性     G) 坚固性     H) 可修改性   I) 可接近性   J) 一致性

39. 软件维护大体上可分为三种类型： ① 、 ② 和 ③ 维护。

①(    ) ②(    ) ③(    )

A) 纠正性   B) 可靠性   C) 适应性   D) 完善性

40. 软件设计的常用方法有 SA 方法、Jackson 方法、Parnas 方法等。Jackson 方法是一种面向数据结构的设计方法。一般在数据处理中，数据结构有 ① 、 ② 、 ③ 三类，并根据 ④ 来导出程序结构。Parnas 方法的主要思想是 ⑤ ，这是提高可维护性的重要措施。

①(    ) ②(    ) ③(    ) ④(    ) ⑤(    )

A) 记录   B) 集合    C) 指针   D) 树   E) 图    F) 表   G) 顺序   H) 可修改性

I) 重复    J) 线性表   K) 键表   L) 列表   M) 数组   N) 栈    Q) 队列

41. 瀑布模型把软件生存周期划分为软件定义、软件开发和(        )三个阶段，而每一阶

段又可细分为若干更小的阶段。

　　A) 详细设计　　　　B) 可行性分析　　C) 运行及维护　　D) 测试与排错

42. 软件的(　　)设计又称为总体结构设计，其主要任务是建立软件系统的总体结构。

　　A) 概要　　　　　　B) 抽象　　　　　　C) 逻辑　　　　　　D) 规划

43. 源程序的版面文档要求应有变量说明、适当的注释和(　　)。

　　A) 框图　　　　　　　　　　　　　　B) 统一书写格式

　　C) 修改记录　　　　　　　　　　　　D) 编程日期

44. 在软件工程中，软件测试的目的是(　　)。

　　A) 试验性运行软件　　　　　　　　　B) 发现软件错误

　　C) 证明软件是正确的　　　　　　　　D) 找出软件中全部错误

45. 在软件工程中，当前用于保证软件质量的主要技术手段是(　　)。

　　A) 正确性证明　　　　　　　　　　　B) 软件测试

　　C) 自动程序设计　　　　　　　　　　D) 符号证明

46. 在软件工程中，高质量的文档标准是完整性、一致性和(　　)。

　　A) 统一性　　　　　　　　　　　　　B) 安全性

　　C) 无二义性　　　　　　　　　　　　D) 组合性

47. 在软件研究过程中，CASE 是(　　)。

　　A) 计算机辅助系统工程　　　　　　　B) CAD 和 CAM 技术的发展动力

　　C) 正在实验室用的工具　　　　　　　D) 指计算机辅助软件工程

48. 软件(结构)设计阶段的文档是(　　)。

　　A) 系统模型说明书　　　　　　　　　B) 程序流程图

　　C) 系统功能说明书　　　　　　　　　D) 模块结构图和模块说明书

49. 软件的维护指的是(　　)。

　　A) 对软件的改进、适应和完善　　　　B) 维护正常运行

　　C) 配置新软件　　　　　　　　　　　D) 软件开发期的一个阶段

50. 若有一个计算类型的程序，它的输入量只有一个 X，其范围是 $-1.0 \leqslant X \leqslant 1.0$。现从输入角度考虑设计了一组测试该程序的测试用例为 $-1.0001$，$-1.0$，$1.0$，$1.0001$。设计这组测试用例的方法是(　　)。

　　A) 条件覆盖法　　　　　　　　　　　B) 等价分类法

　　C) 边缘值分析法　　　　　　　　　　D) 错误推测法

二、简答题(每小题 2 分，共 10 分)

1. 模块的独立性具有哪些属性？请简要说明。

2. 软件测试与软件调试的区别是什么？

3. 软件的可维护性与哪些因素有关？在软件开发过程中应该采取哪些措施来提高软件产品的可维护性？

4. 怎样与用户有效地沟通以获取用户的真实需求？

5. 简述结构化分析和面向对象分析的要点，并分析它们的优缺点。

三、论述题(每小题 10 分，共 20 分)

1．下图是结构化程序设计方法的设计流程图，请按要求回答问题。

(1) 请画出该系统中交互行为的状态图。

(2) 使用基本路径测试方法确定该状态图的测试路径。

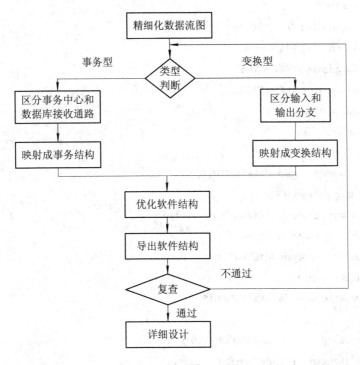

题 1 图

2．以下是某 C 程序段及其功能描述，请仔细阅读程序并完成要求。

【功能描述】　企业发放的奖金根据利润提成，发放规则如下：利润低于或等于 10 万元时，奖金可提 10%；利润高于 10 万元，低于 20 万元时，低于 10 万元的部分按 10%提成，高于 10 万元的部分可提成 7.5%；20 万元到 40 万元之间时，高于 20 万元的部分可提成 5%；40 万元到 60 万元之间时高于 40 万元的部分可提成 3%；60 万元到 100 万元之间时，高于 60 万元的部分可提 1.5%；高于 100 万元时，超过 100 万元的部分按 1%提成。

从键盘输入当月利润，输出应发放奖金总数。

【代码如下】

```
#include<stdio.h>
#include<stdlib.h>
Int main()
{
  Long int gain;
  int prize1，prize2，prize4，prize6，prize10，prize=0;
  puts("*****************************");
  puts("*      The program will solve        *");
```

```
        puts("    the problem of prize distribution*");
        puts("*******************************");
        puts("please input the num of gain： ");
        scanf("%ld"， &gain);
        prize1 = 100000*0.1;
        prize2 = prize1+100000*0.075;
        prize4 = prize2+200000*0.05;
        prize6 = prize4+200000*0.03;
        prize10 = prize6+400000*0.015;
        if ( gain <= 100000 )
            prize = gain*0.1;
        else if (gain<=200000)
            prize = prize1+(gain-100000)*0.075;
        else    if (gain<=400000)
            prize = prize2+(gain-200000)*0.05;
        else if (gain<=600000)
            prize = prize4+(gain-400000)*0.03;
        else if (gain<=100000)
            prize = prize6+(gain-600000)*0.015;
            else
                prize = prize10+(gain-1000000)*0.01;
        printf("The prize is： %d\n", prize);
        getch();
        return0;
    }
```

**【问题】**

(1) 画出此程序主函数的控制流程图。

(2) 设计一组测试用例，使该程序所有函数的语句覆盖率和分支率均能达到 100%。如果认为该程序的语句或分支覆盖率无法达到 100%，需说明为什么。

**四、通过下面场景描述完成任务**(每小题 10 分，共 20 分)

**【场景描述】** 用在线订票系统购买剧院的门票，包括下面的动作：注册、登录、选择座位、用信用卡付账、根据客户买票的历史记录适当打折、决定是把票邮寄给客户还是保存在售票点。

**【任务】**

1. 根据场景描述画出 UML 用例图，并包括《include》联系和《extend》联系。

2. 为"登录"交互设计出 UML 序列图。